JN493666

제2판

기초 유기화학실험

Basic Organic Chemistry Experiment

조대원 지음

자유아카데미

머리말

대학에서 화학 관련 전공을 공부하는 1학년 학생들은 이론적인 개념을 다루는 일반화학(general chemistry) 개론 과정을 수강함으로써 기초 과학으로서의 화학을 배울 수 있다. '일반화학실험'이라는 과목은 학생들이 실제 실험을 통해 학습한 이론 지식을 적용함으로써 과학적 이론에 대한 이해를 높이고 창의적 사고력을 키울 수 있도록 한다.

학생들이 학업을 진행하면서 화학의 각 세부 전공 분야(유기화학, 물리화학, 무기화학, 분석화학, 생화학 등)에 대해 심도 있는 학습이 이루어지게 되는데, 특히 유기화학의 경우 본 대학의 커리큘럼은 유기화학(1), 유기화학(2)를 비롯하여 유기화학(3), 유기구조분석, 유기합성화학, 유기재료화학 등의 다양한 전공 심화 과정들이 강의를 통해 진행되고 있다. 일반화학실험과 마찬가지로 유기화학 전공에 대한 기본개념 및 원리는 학생들이 직접 실험 실습을 함으로써 효과적이고 효율적으로 이해하고 응용할 수 있다고 생각한다. 유기화학실험에서 진행되는 실험 실습은 화학에서 주로 다루는 유기 화합물을 합성하고 분석하는 데 필요한 기본적인 실험 방법 및 기술(laboratory experimental technique)을 직접 습득할 수 있는 실습 강의라고 할 수 있다.

유기화학실험과 관련된 교재는 국내외에 많이 나와 있지만, 본 교재는 우리 대학의 커리큘럼 및 실험 실습 환경에 맞게 특별히 구성하여 모든 실험 실습내용들을 실험에 참여하는 학생들이 흥미를 가지고 큰 어려움 없이 수행할 수 있게 제작하고자 하였다. 특히 이번 개정판에서는 기존 실험에서 사용하는 시약(예를 들면, HCl)의 취급이 용이하지 않기 때문에 실험 실습에 적합한 시약을 활용한 실험으로 대체하여 집필하였다.

추후 본 교재에 대한 수정사항이 있을 경우에는 자유아카데미 홈페이지(www.freeaca.com) 자료실을 통해 제공할 예정이니 참조하기를 바란다. 본 교재를 가지고 진행되는 유기화학실험 실습을 통해 자연과학의 중심적 역할을 하는 유기화학에 대해서 많은 관심과 재미를 가지고, 다양한 유기화학적 지식을 배양할 수 있기를 희망한다.

2023년 3월

조대원

차례

CHAPTER 01 실험실 안전과 실험의 기초

1. 실험실 안전 규칙 002
2. 유기 실험기구 및 장치 006
3. 유기 실험에 자주 이용되는 실험 장치 및 설치 방법 010
4. 유리 기구의 세척과 건조 013
5. 유기 실험의 기초 개념 014
6. 유기 실험 보고서 작성 018

CHAPTER 02 유기 실험의 기초 기술

1. 가열과 온도의 측정 022
2. 시약 및 생성물의 취급 023
3. 여과 024
4. 화합물의 건조 025

CHAPTER 03 유기 화합물의 작용기 확인

1. 유기 정성 분석의 고전적 방법 031
2. 원소 분석 033
3. 용해도에 의한 화합물의 분류 035
4. 유도체 합성에 의한 확인 038

CHAPTER 04 유기 화학 실험

1. 재결정과 녹는점 측정 ... 065
2. 얇은 막 크로마토그래피 ... 075
3. 관 크로마토그래피 ... 089
4. 증류; 액체-액체 혼합물 간의 분리 ... 097
5. 추출; 극성차이를 이용한 혼합물의 분리 ... 105
6. 알케인의 친핵성 치환 반응 ... 113
7. 카보닐 화합물의 환원 반응 ... 121
8. 알돌 축합반응 ... 129
9. 에테르 화합물의 합성 ... 135
10. 카부닐 화합물의 에스테르화 반응 ... 143
11. 염료용 아조화합물의 합성 ... 151
12. 유기 화합물의 분석에 이용되는 분광 분석법 및 크로마토그래피법 ... 165

부록

유기 실험에서 자주 사용되는 화합물 ... 184

찾아보기 ... 187

CHAPTER 01

실험실 안전과 실험의 기초

유기 화학 실험이란 유기 화합물을 합성하거나 혼합물 또는 천연물로부터 순수한 화합물을 분리하여 확인하는 전 과정을 의미한다. 즉, 유기 화합물 합성 방법, 혼합물 분리 방법, 분리 물질의 구조 확인 방법 등을 이해하고 습득하는 과정이다.

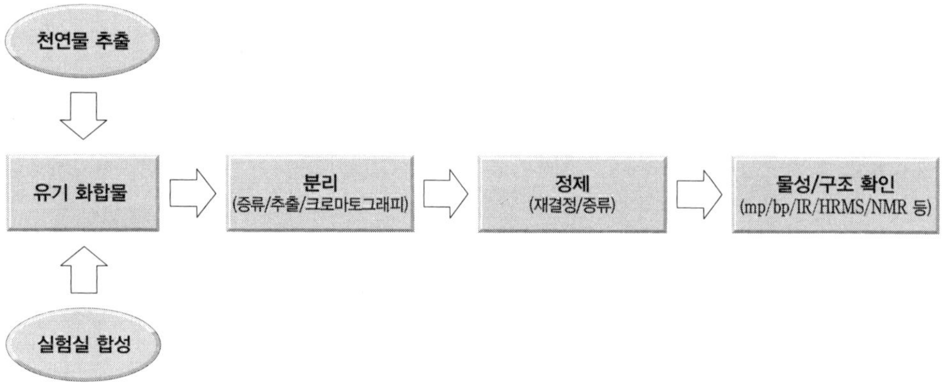

천연물로부터 추출하거나 실험실 합성을 통해 만드는 유기 화합물은 순수할 수도 있지만 대부분 혼합물이다. 따라서 혼합물을 분리하고 순수하게 정제하는 과정을 통해 물성과 구조를 확인해야 한다. 이러한 방법과 기술들을 유기 화학 실험을 통해 직접 수행하고 배우게 될 것이다.

제1절 실험실 안전 규칙

1. 실험실 안전을 위한 일반 사항

- 실험 시작 전에는 실험 내용(실험 시 사용하는 시약, 반응, 기구의 독성 등)에 대해 충분히 숙지한다.
- 실험실에서 실험자는 항상 시약이나 위험 요소로부터 피부를 보호할 수 있는 실험복을 착용해야 한다. 즉, 긴 바지를 입고, 신발은 발등이 완전히 가려지고 잘 미끄러지지 않는 신발을 신어야 하며, 실험복을 입는 것이 큰 도움이 된다. 실험복은 면으로 된 것이 좋으며, 긴 머리나 소매가 늘어진 실험복은 실험 시 불편하고 사고의 위험이 있으므로 피하는 것이 좋다.
- 시약이나 유리 파편이 눈에 튀면 치명적인 손상을 입을 수 있으므로 실험실에서는

눈의 보호를 위해 반드시 보호 안경을 착용해야 한다. 콘택트렌즈는 시약과 반응할 수 있으므로 안경을 착용하도록 한다. 마지막으로 사고 방지나 원만한 실험을 위해서는 좋은 실험실 습관을 지니는 것이 가장 중요하다.

- 실험실에서는 음식물이나 음료수 섭취를 금한다.
- 실험실에서는 담배를 피우지 않는다.
- 실험실에서 뛰거나 밀치는 등 장난하지 않는다.
- 실험실과 실험대는 항상 깨끗하게 정리한다.
- 실험실을 떠날 때는 실험실 청소 상태, 가스 및 진공 장치 수도 등을 점검하고 손을 깨끗이 씻도록 한다.

2. 화합물 취급 시의 안전 사항

- 모든 화합물은 유독하다고 생각한다.
- 시약병의 라벨을 주의해서 정확하게 읽도록 한다(각 화합물의 MSDS를 반드시 파악한다). 시약병에 붙어 있는 표식을 두 번 이상 확인하는 버릇이 필요하다. 시약병 모양에는 비슷한 것도 많고, 이름이 비슷하면서 전혀 다른 시약도 많이 있다. 시약병에 인쇄된 위험 표식에 대해서도 주의를 기울여야 한다.
- 실험실에 있는 시약은 절대 맛보아서는 안 되며, 강한 냄새를 풍기는 시약의 냄새를 맡아야 할 때는 직접 맡지 말고, 손으로 부채질하여 맡도록 한다. 또한, 휘발성 물질과 끓는점이 낮은 유기 용매는 흄 후드(Fume Hood) 안에서 사용한다.
- 시약병에서 한 번 꺼낸 시약은 다시 시약병에 넣지 않는다. 작은 양의 시약을 아끼려는 생각 때문에 시약병에 담긴 시약을 모두 못 쓰게 만들 수 있다.
- 깨끗하고 건조된 약숟가락과 피펫을 사용한다. 오염된 것을 사용하면 남은 시약이 오염될 수 있다.
- 모든 시약 용기에는 라벨을 부착한다.
- 습도가 높으면 수분에 민감한 시약의 사용을 피하도록 한다.
- 액체 시약을 따라낼 때는 유리 막대나 비커의 벽을 따라 액체가 흘러내리게 해야 한다. 용액에 액체를 직접 떨어뜨리는 것은 매우 위험하다.
- 휘발성인 시약과 발화점이 낮은 시약은 가열판이나 버너와 같은 열원에서 멀리 두도록 한다.
- 진한 산과 염기는 특히 조심히 다루도록 한다. 진한 산과 염기를 섞으면 중화 반응

으로 많은 열이 발생하기 때문에 위험하다. 진한 산을 묽힐 때는 물을 저으면서 산을 천천히 가한다. 진한 산에 물을 가하는 것은 위험하다.

- 사용한 시약을 적절하게 처리한다. 실험에 사용한 시약을 하수구에 버리거나 쓰레기통에 마구 버리면 공해의 원인이 된다. 반드시 회수통에 모아 적절히 처리할 수 있도록 하며 특히 진한 산이나 염기 또는 유기 용매를 하수구에 버리지 말아야 한다.

표 1.1 화학 물질의 국제 분류 및 표지 시스템(Global Harmonized System, GHS)

그림문자	내용
	산화성 물질 - 산화성 가스, 산화성 액체, 산화성 고체 등 - 산소가 없어도 탈 수 있거나 가연성 물질이 탈 때 불을 돋을 수 있다.
	인화성 물질 - 물반응성, 자기반응성, 자연발화성, 자기발열성, 유기과산화물 등 - 가열하면 화재 또는 폭발을 일으킨다.
	부식성 물질 - 금속부식성, 피부부식성, 심한눈손상성 등 - 피부에 화상을 일으키거나 눈에 영구적인 손상을 줄 수 있다.
	폭발성 물질 - 폭발성, 자기반응성, 유기과산화물 등 - 불, 열, 충격이나 마찰에 노출되었을 경우 폭발할 수 있다.
	독성 물질 - 급성독성 - 작은 양으로도 짧은 시간에 노출되면 생명을 위협할 수 있는 독성 물질이다.
	자극성 물질 - 경고, 피부과민성, 자극성 등 - 노출된 경우 피부가 붉게 변하거나 발진이 생길 수 있다.
	건강 유해성 물질 - 호흡기과민성, 발암성, 표적장기독성 등 - 짧은 시간 혹은 장시간에 노출되었을 때 건강에 심각한 위험을 줄 수 있다.

	환경 유해성 물질 - 수생환경유해성 - 수중 생물에 대한 독성이 있고 수중 환경에 급성 혹은 만성적인 악영향을 줄 수 있다.
	고압가스 - 산화성 가스 - 가열하면 폭발할 수 있으며, 극저온에 의한 화상 또는 손상을 일으킬 수 있다.

3. 유리 기구 사용 시의 안전 사항

- 유리 기구는 반드시 사용 전에 깨지거나 금이 간 곳이 있는지를 확인하도록 한다. 만약 조금이라도 흔적이 있으면 사용하지 않는다.
- 깨진 유리 기구는 항상 정해진 곳에 구분하여 버리도록 한다.
- 뜨거운 유리 기구를 옮길 때는 집게 또는 방열 장갑을 사용한다. 유리는 가열해도 색이 변하지 않으므로 매우 조심해야 한다.
- 고무마개에 유리관을 끼울 때는 유리관에 물을 묻혀서 조심스럽게 밀어 넣는다. 고무마개와 유리관을 수건으로 감싸는 것이 좋고, 무리하게 힘을 가하지 않도록 한다.

4. 사고 응급 처치

- 화재가 발생한 경우: 버너나 전열기의 열원을 모두 끄고, 인화성 물질은 멀리 옮긴다. 화학 화재용 소화기, 모래, 석면포 등으로 소화 작업을 한다. 유기 용매에 의해 화재가 발생했을 때는 물을 사용하면 안 된다.
- 의복에 불이 붙었을 경우: 석면포나 다른 실험복을 덮어 불을 끈다. 유기 용매에 의한 불이 아니면 물을 부어서 불을 꺼도 된다.
- 가열기나 불에 의해 화상을 입었을 경우: 즉시 찬물로 15~20분간 씻은 뒤 의사의 처방을 받도록 한다.
- 시약에 의해 화상을 입었을 경우: 다량의 물로 씻는다. 산에 의한 화상일 때는 묽은 sodium bicarbonate($NaHCO_3$) 용액으로, 염기에 의한 화상일 때는 묽은 acetic acid(CH_3COOH) 용액으로 씻은 뒤 의사의 처방을 받도록 한다.
- 눈에 시약이 들어갔을 경우: 즉시 깨끗한 물(실험실에 비치된 아이워셔나 비상세안기를 이용한다)로 여러 번 씻은 뒤 의사의 처방을 받도록 한다.

• 유독 기체를 흡입했을 경우: 즉시 통풍이 잘되는 곳으로 이동하고 편안한 자세로 깊은 호흡을 반복한 뒤 의사의 처방을 받도록 한다.

제2절 유기 실험기구 및 장치

실험을 진행하기 위해서는 실험에 필요한 기구와 장치를 갖추어야 하고, 각 기구의 이름을 정확히 구분할 수 있어야 한다. 또한, 실험실에서 사용하는 유리 기구 중 플라스크나 연결관 등은 서로 잘 맞도록 다듬어지고 규격화된 것을 사용해야 한다. 유리 기구의 규격은 $\overset{T}{S}$, $\overset{J}{S}$, $\overset{P}{S}$ 등으로 표시한다. $\overset{T}{S}$는 플라스크 입구, 마개, 연결관의 규격 표시에 사용하며, $\overset{J}{S}$는 구형 입구로 된 플라스크 및 구형 연결관의 규격을 나타낼 때 사용한다. $\overset{P}{S}$는 테플론(teflon)으로 만든 마개나 플러그의 규격 표시에 사용한다.

일구 둥근바닥 플라스크
(one-neck round bottom flask)

이구 둥근바닥 플라스크
(two-neck round bottom flask)

삼구 둥근바닥 플라스크
(three-neck round bottom flask)

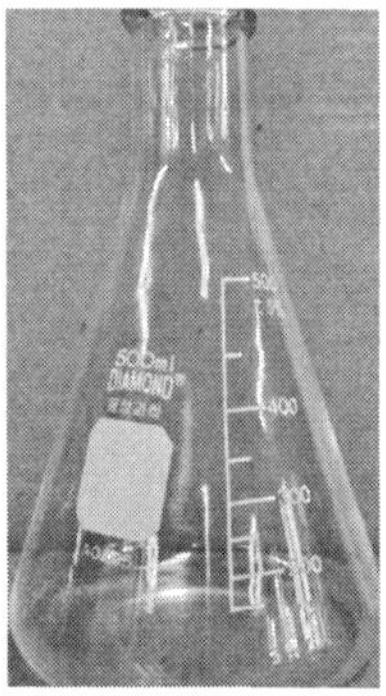

삼각 플라스크
(Erlenmeyer flask)

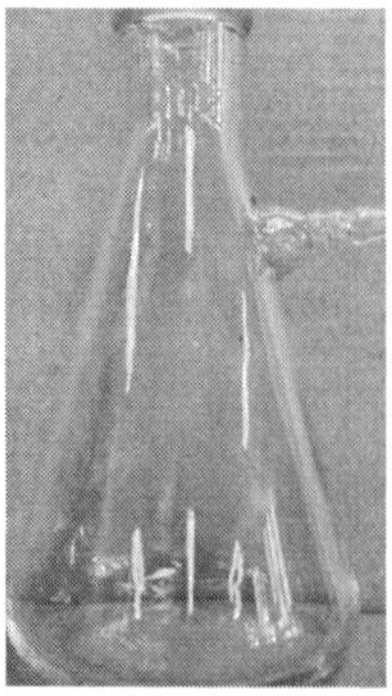

감압 플라스크
(Suction flask)

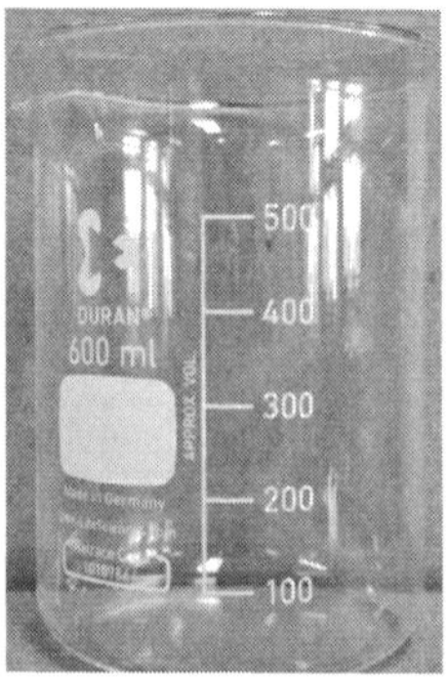

비커
(Beaker)

그림 1.1 유기 실험기구 및 장치(계속)

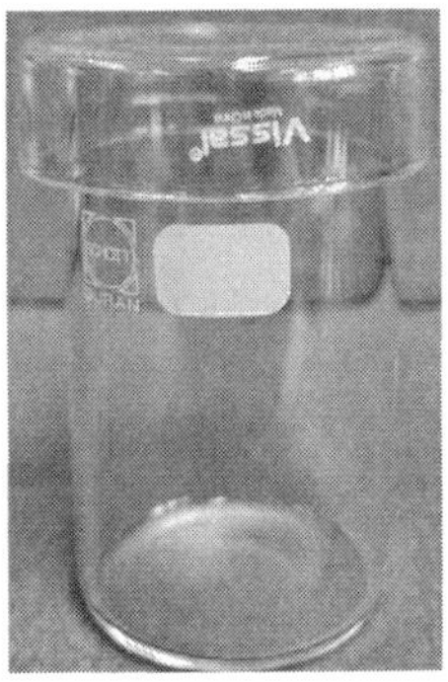

전개 용기
(Chamber)

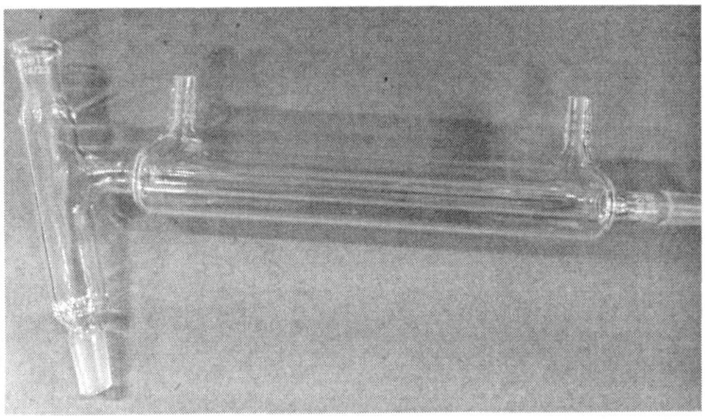

냉각기부 증류 장치
(Distillation link)

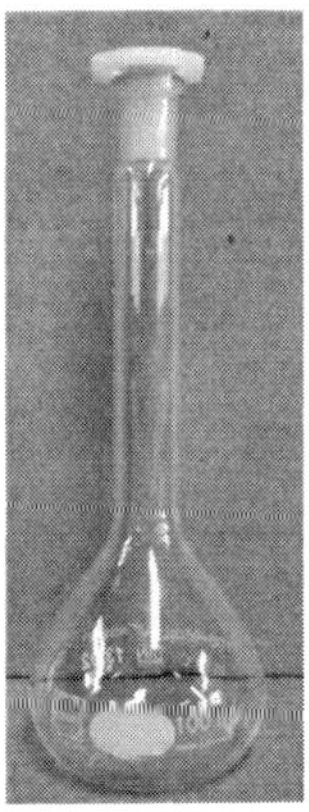

부피 플라스크
(Volumetric flask)

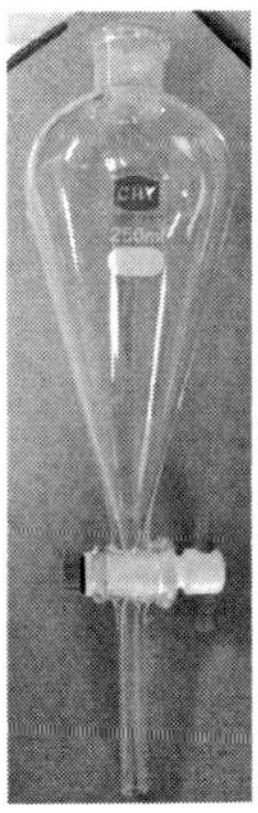

분별 깔때기
(Separatory funnel)

유리 여과기
(Glass filter)

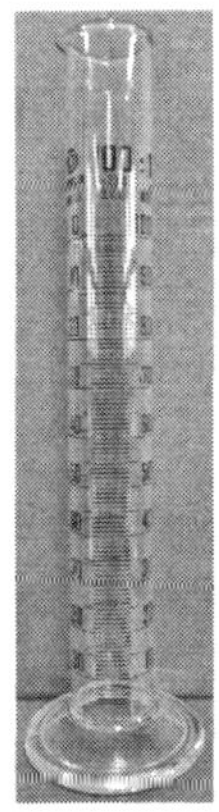

눈금실린더
(Measuring cylinder)

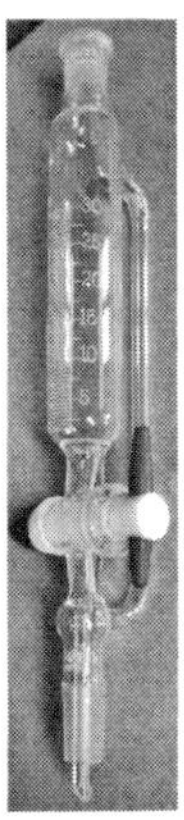

적하 깔때기
(Dropping funnel)

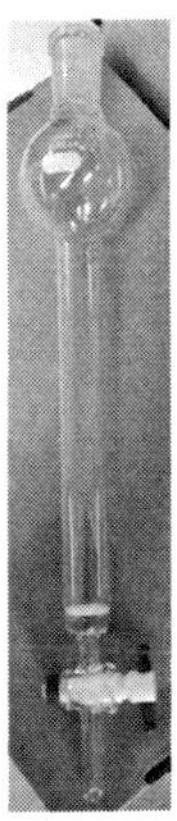

크로마토그래피 관
(Chromatography column)

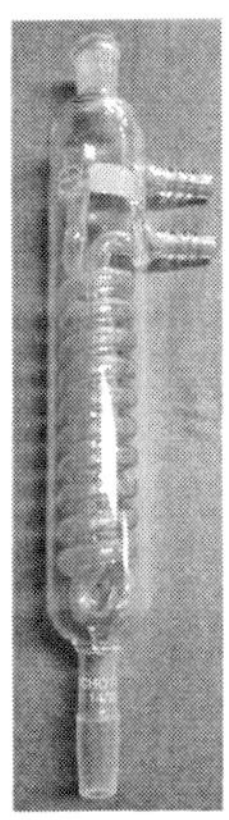

환류 냉각기
(Reflux condenser)

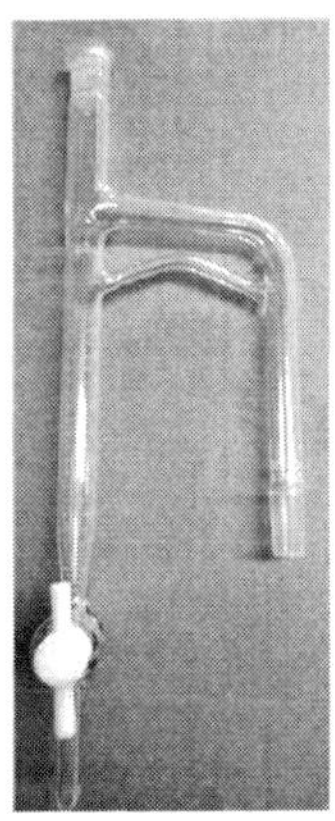

딘스탁 트랩
(Dean-stark)

그림 1.1 유기 실험기구 및 장치(계속)

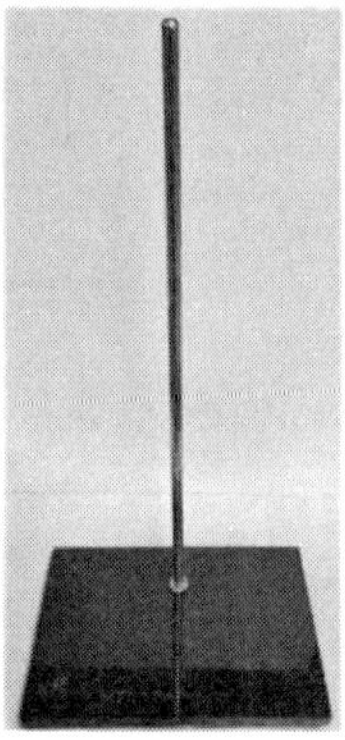

스탠드
(Stand)

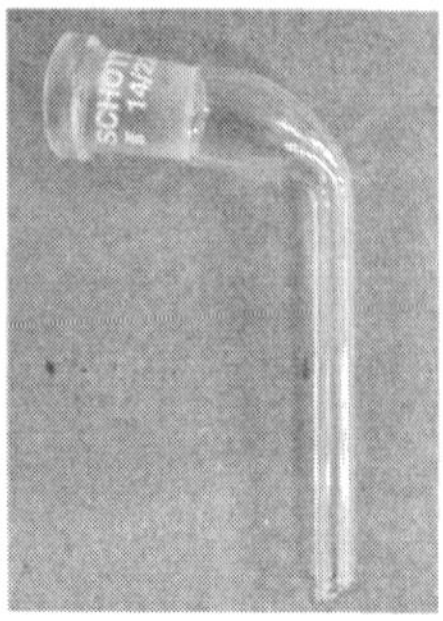

연결관
(Adapter)

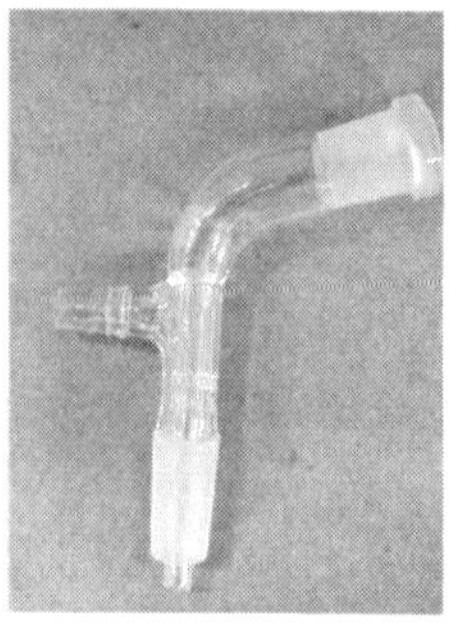

진공 증류 연결관
(Vacuum distillation adaptor)

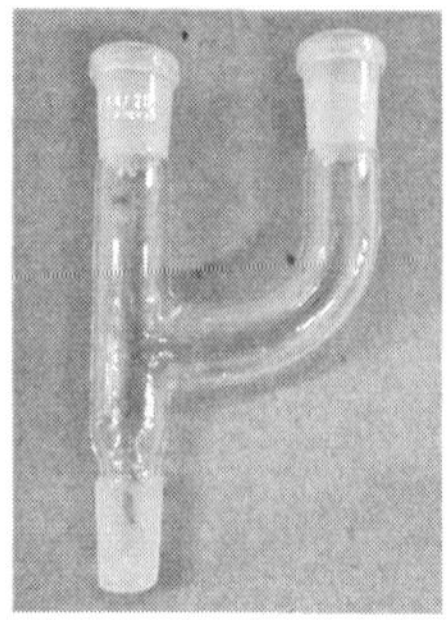

크라이젠 어댑터
(Claisen adapter)

마개
(Stopper)

고무마개
(Rubber septa)

시험관대
(Test tube rack)

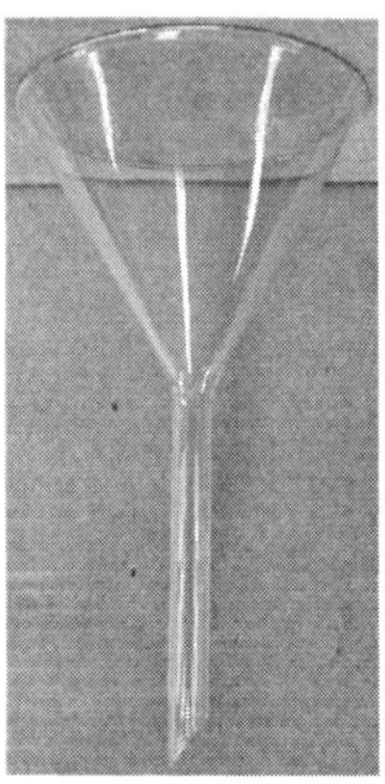

깔때기
(Funnel)

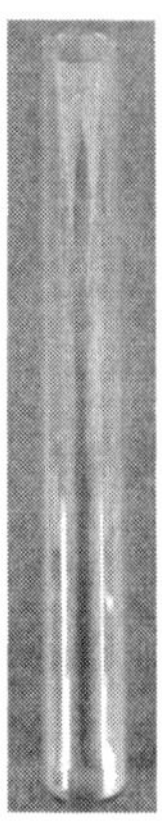

시험관
(Test tube)

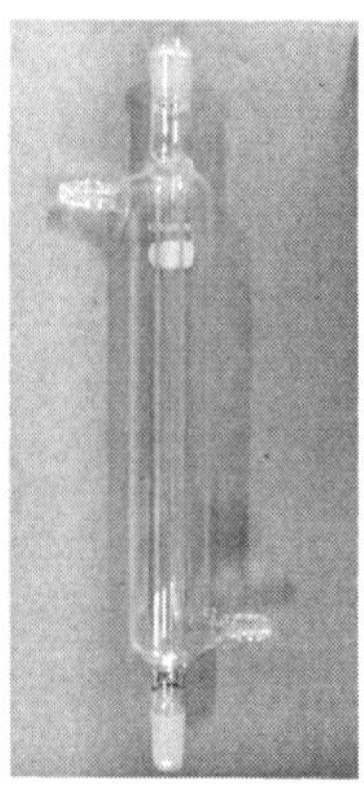

냉각기
(Condenser)

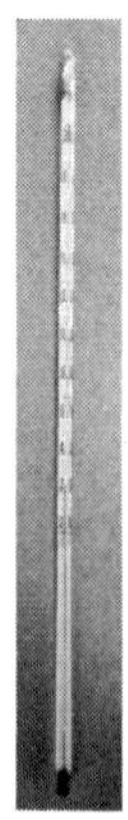

온도계
(Thermometer)

그림 1.1 유기 실험기구 및 장치(계속)

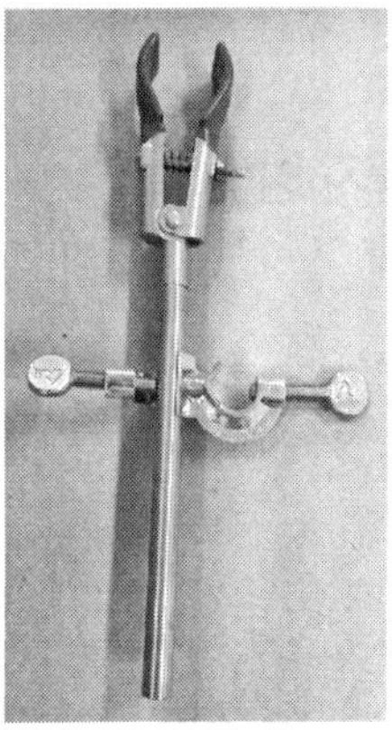

클램프
(Clamp)

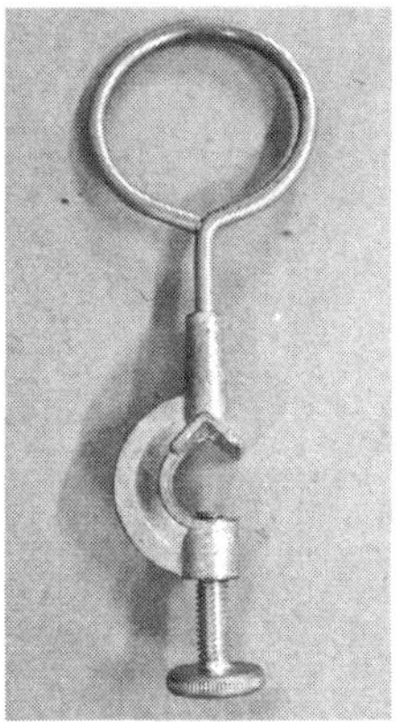

클램프 링
(Clamp ring)

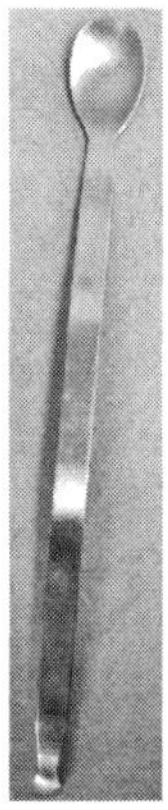

약숟가락
(Spatula)

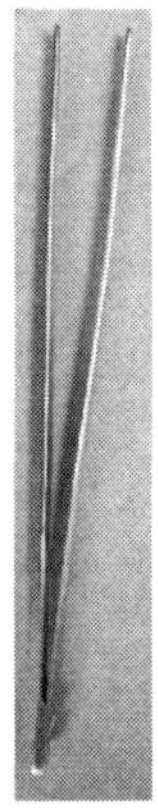

집게
(Pincette)

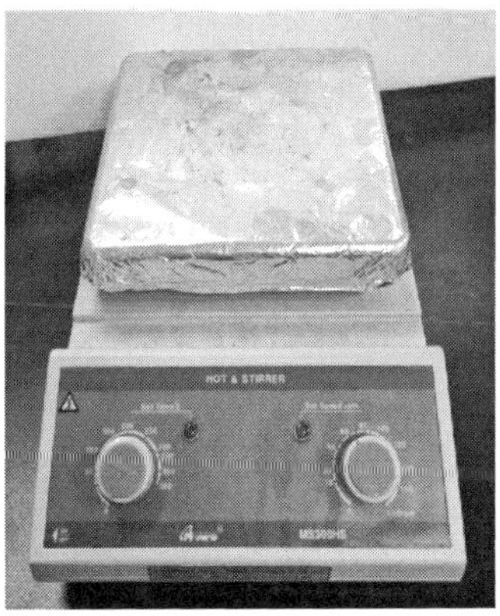

가열 교반기
(Hot plate)

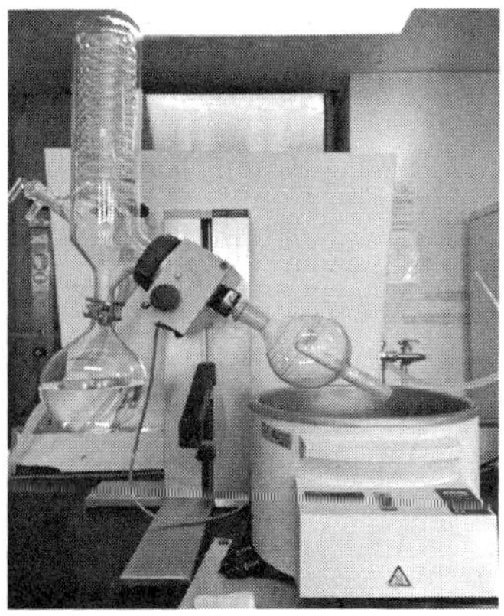

회전식 감압 증발기
(rotary evaporator)

그림 1.1 유기 실험기구 및 장시

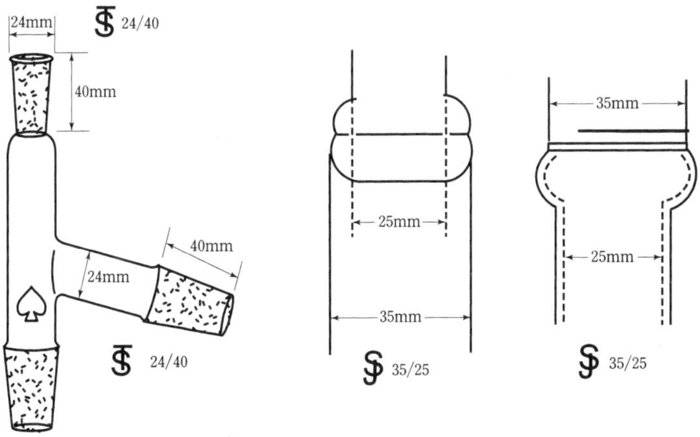

그림 1.2 유리 기구의 규격 표시 예

제3절 유기 실험에 자주 이용되는 실험 장치 및 설치 방법

1. 환류 장치

• 필요기구

가열 교반기, 스탠드, 둥근바닥 플라스크, 환류 냉각기, 클램프, 실리콘 튜브, 자석 젓개

• 설치순서

① 스탠드를 실험할 위치에 설치한 후, 클램프 2개를 스탠드에 설치한다.
② 가열 교반기를 스탠드와 적당한 거리에 위치하도록 설치한다.
③ 플라스크에 자석 젓개를 넣고 가열 교반기의 중앙에 오도록 클램프로 고정한다.
④ 환류 냉각기를 플라스크와 연결하고 클램프로 고정한다.
⑤ 실리콘 튜브를 사용하여 수도관과 환류 냉각기를 연결한다.

2. 단순 증류 장치

• 필요기구

가열 교반기, 스탠드, 둥근바닥 플라스크, 냉각기, 증류 연결관, 클램프, 온도계, 온도계 고정용 고무마개, 삼각 플라스크, 실리콘 튜브, 자석 젓개

• 설치순서

① 스탠드를 실험할 위치에 설치한 후, 클램프 2개를 스탠드에 설치한다.
② 가열 교반기를 스탠드와 적당한 거리에 위치하도록 설치한다.
③ 플라스크에 자석 젓개를 넣고 가열 교반기의 중앙에 오도록 클램프로 고정한다.
④ 증류 연결관을 플라스크에 연결하고 클램프로 고정한다.
⑤ 냉각기를 증류 연결관에 설치한 후, 또 다른 스탠드로 고정한다.
⑥ 증류 연결관과 냉각기를 고정하고, 연결관을 냉각관 끝에 설치한다.
⑦ 연결관 끝에 삼각 플라스크를 설치한다.
⑧ 고무마개에 구멍을 내어 온도계를 고정한 후, 증류 연결관 상단에 설치한다.

⑨ 실리콘 튜브를 사용하여 수도관과 환류 냉각기를 연결한다.

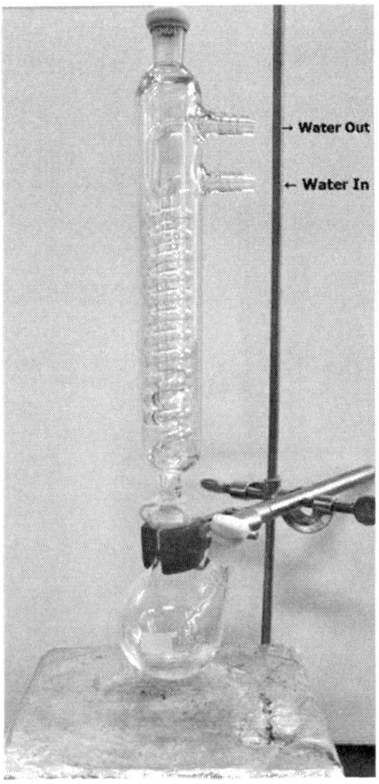

그림 1.3 환류 장치

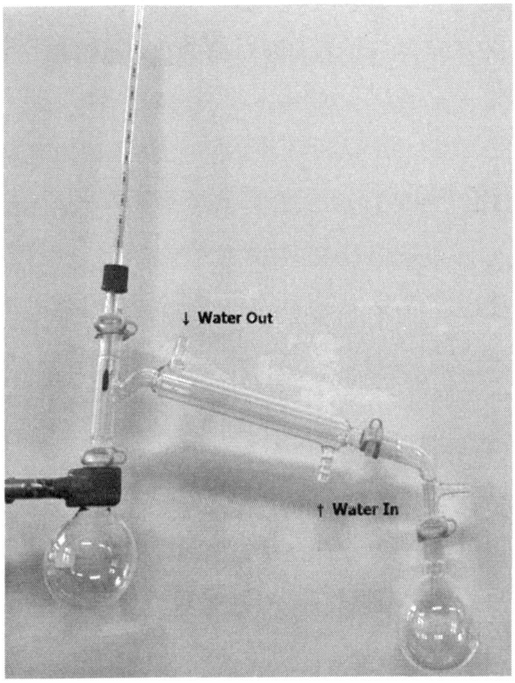

그림 1.4 단순 증류 장치

3. 분별 증류 장치

• 필요기구

가열 교반기, 스탠드, 둥근바닥 플라스크, 냉각기, 증류 연결관, 클램프, 온도계, 온도계 고정용 고무마개, 삼각 플라스크, 분별관, 유리구슬, 실리콘 튜브, 자석 젓개

• 설치순서

① 스탠드를 실험할 위치에 설치한 후, 클램프 2개를 스탠드에 설치한다.

② 가열 교반기를 스탠드와 적당한 거리에 위치하도록 설치한다.

③ 둥근바닥 플라스크에 자석 젓개를 넣고 가열 교반기의 중앙에 오도록 클램프로 고정한다.

④ 분별관을 연결하고 유리구슬을 채운 후, 분별관 상부에 증류 연결관을 연결하여 클램프로 고정한다.

⑤ 냉각관을 증류 연결관에 설치하고 또 다른 스탠드로 고정한다.

⑥ 연결관을 냉각관 끝에 설치한 후, 연결관 끝에 삼각 플라스크를 설치한다.

⑦ 고무마개에 구멍을 내어 온도계를 고정한 후, 증류 연결관 상단에 설치한다.

⑧ 실리콘 튜브를 사용하여 수도관과 환류 냉각기를 연결한다.

4. 감압 여과 장치

- 필요기구

스탠드, 클램프, 삼각 플라스크(또는 둥근바닥 플라스크), 뷰흐너 깔때기(진공), 고무관

- 설치순서

① 스탠드를 실험할 위치에 설치한 후, 클램프를 스탠드에 설치한다.

② 삼각 플라스크나 둥근바닥 플라스크를 클램프로 고정한다.

③ 뷰흐너 깔때기를 삼각 플라스크 상단에 설치한 후 고무관으로 감압 장치와 연결한다.

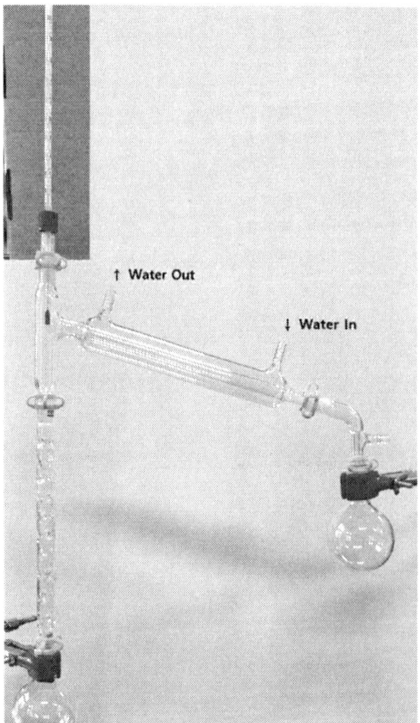

그림 1.5 분별 증류 장치

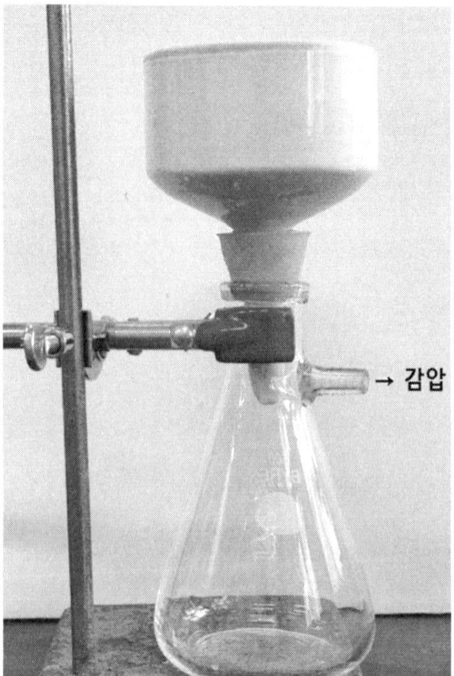

그림 1.6 감압 여과 장치

제4절 유리 기구의 세척과 건조

유리 기구의 세척과 건조는 실험의 일부일 뿐만 아니라, 잘못된 세척 및 건조는 실험 과정에 크고 작은 영향을 줄 수 있다. 따라서 유리 기구의 완벽한 세척 및 건조는 매우 중요한 과정이다.

1. 유리 기구의 세척

유리 기구는 사용 후 즉시 세척해야 한다. 하지만 휘발성 물질이 남아 있는 경우에는 일정 시간 방치한 후 세척을 진행할 필요도 있다.

유리 기구를 세척할 때는 불순물을 녹일 수 있는 용매를 사용하여 먼저 세척하고, 다시 비누를 사용하여 깨끗이 세척한 다음 증류수로 여러 번 씻어낸다. 그다음 acetone 등의 유기 용매를 사용하여 남아 있는 유기물이나 비누 성분을 완전히 제거하도록 한다.

작은 유리 기구는 일정 온도로 유지되는 드라이 오븐(건조기)으로 건조시킨다. 그러나 건조기를 사용하기 불편한 유리 기구들은 아스피레이터나, 압축 공기 코크를 사용하여 건조 공기를 기구에 통과시켜 건조시킨다.

- 유리 실험기구 세척 과정
  - ① 실험기구에 남은 이물질 제거
  - ② 물로 세척 후 세제와 솔로 닦고 헹구기
  - ③ 증류수로 세척 후 남아 있는 유기물은 acetone으로 세척
  - ④ 세척 후 제거되지 않은 이물질은 세척제를 사용하여 세척
  - ⑤ 기구 세척 완료 후 건조

유기 용매로 용해가 어려운 물질의 세척을 위해서는 methanol이나 ethanol과 같은 알코올 용매에 KOH를 포화시킨 용액을 다량 만들어 몇 시간씩 여기에 방치했다가 세척하면 불순물을 쉽게 세척할 수 있다.

또한, 세척제로 진한 황산, 중크로뮴산-황산 세척제 등의 강산을 사용하기도 한다. 이 경우에는 강산이 남아 있는 유기물과 반응하여 위험한 결과를 초래할 수도 있어서 유의해야 한다. 또 지나치게 오랜 시간 방치하면 유리 기구가 부식되므로 주의해야 한다.

2. 유리 기구 세척제의 제조

• 크로뮴산 세척제

① $Na_2Cr_2O_7$(sodium dichromate) 50g을 50mL H_2O에 녹여 2,500mL 용기에 넣고, 1L의 *conc*-H_2SO_4를 교반하면서 천천히 가한다(이때 온도는 70~80℃까지 상승한다). 이 혼합물을 40℃ 이하까지 냉각시킨 후 보관 및 사용한다.

② 250mL 비커에 100mL *conc*-H_2SO_4를 넣고 100℃까지 조심스럽게 가열하여 3g의 $Na_2Cr_2O_7$ 또는 $K_2Cr_2O_7$을 교반하면서 천천히 가한 다음 실온까지 냉각시켜 사용한다.

• KOH-알코올 세척제

대형 플라스틱 통에 2/3가량의 알코올을 넣고, 공업용 KOH를 가하여 포화시킨 후에 사용한다.

제5절 유기 실험의 기초 개념

실험을 시작하기 전에 실험에 사용할 화합물의 물리적 성질을 이해하는 것이 중요하다. 즉, 액체 시약의 밀도(density)와 끓는점(boiling point), 고체 화합물의 녹는점(melting point), 모든 화합물의 독성과 취급상 주의점을 알면 실험에 큰 도움이 된다. 이러한 정보는 화합물을 제조해서 판매하는 각 회사의 제품 목록으로부터 알 수 있다.

• 분자량(molecular weight(mass), MW)

화합물의 분자량을 통해 실험에 사용할 화합물의 양을 계산하고 측량할 수 있다. 분자량은 분자 질량(molecular mass, MM) 또는 화학식량(formula weight, FW)이라고도 한다. 분자성 화합물의 1몰당 질량값을 g 단위로 나타내며, g/mol 단위로 주어진다.

• 밀도(density, d)

밀도는 물질의 단위 부피당 질량으로 액체 화합물의 질량을 계산하거나 다룰 때 유용하며, g/mL로 주어진다.

• 끓는점(boiling point, bp)

끓는점은 액체의 증기압이 대기압과 같아질 때의 온도를 나타낸 것이며 외부 압력에 의존한다. 정상적인 끓는점은 1기압(760mmHg, 760torr) 하에서의 증기압을 말한다.

• 녹는점(melting point, mp)

녹는점이란 정상 기압 조건에서 고체와 액체가 공존할 때의 온도를 말한다. 즉, 고체에서 액체로 상태변화가 일어날 때의 온도이다. 녹는점 중에는 'd.'나 'dec.'으로 표기된 경우도 있는데, 이것은 해당 화합물이 녹는점에서 분해(decomposition)된다는 것을 의미하며, 녹는점은 결정의 형태, 재결정 용매의 종류 및 실험적 오차에 의해 차이가 있을 수 있다. 따라서 재결정 용매 등을 괄호 안에 표시하기도 한다.

• 굴절률(refractive index, nD)

굴절률은 액체를 확인하는 데 유용한 성질이며, 측정할 때의 온도와 광원에 의존하므로 이들을 함께 표기해야 한다.

• 용해도(solubility)

용해도란 주어진 온도에서 해당 용매에 최대로 녹을 수 있는 농도를 말한다. 용액 중에서 반응시키기 위해서는 반응물의 용해도를 아는 것이 대단히 중요한데, 이는 반응물이 녹지 않으면 반응하지 않기 때문이다.

• 독성(toxicity)과 위험성(hazard)

독성은 화학 물질을 통해 사망이나 실명에 유빌될 수 있을 만큼 유독하다는 것을 의미하며, 화합물을 사용하기 전에는 항상 화합물의 독성과 위험 요소를 알고 있어야 한다. 화합물의 독성은 LD_{50}으로 나타내는데, 이것은 시험군의 50%가 죽는 농도를 의미한다.

• 용매(solvent)

대부분의 유기 반응은 반응 용매 속(액체 상태)에서 반응한다. 유기 실험에서 용매의 선택은 반응의 진행 여부를 좌우하기도 하기 때문에 매우 중요하다. 실험을 설계하는 단계에서 해당 용매에 대한 반응물의 용해도를 조사하여 잘 녹는 용매를 선택하여야 한다. 용매의 극성 정도도 반응 결과에 영향을 미치는데, 용매는 크게 **극성 용매**(polar solvent)와 **비극성 용매**(nonpolar solvent)로 나누고 다시 양성자를 낼 수 있는 **양성자성 용매**(protic solvent)와 **비양성자성 용매**(aprotic solvent)로 구분된다. 즉,

methanol(CH_3OH)은 극성 양성자성 용매이고 acetonitrile(CH_3CN)은 극성 비양성자성 용매이다.

• 환류(reflux)와 증류(distillation)

유기 반응에서 반응 혼합물을 일정 온도로 유지하면서 계속 교반해야 하는 경우가 많은데, 이런 경우에 환류라는 방법을 사용한다. 환류란 반응 용매가 증발하여 냉각기에서 냉각되어 다시 반응 플라스크로 되돌아오는 현상을 말한다. 이렇게 하면 용매의 손실 없이 용매가 끓는 온도로 계속 유지될 수 있다. 이와는 달리 증류는 끓어서 나오는 성분이 냉각기를 통해 응축되어 다른 용기로 흘러나오는 현상이므로 혼합물의 분리에 유용하게 이용된다. 따라서 환류 냉각기와 증류 냉각기는 각기 그 모양이 다르게 만들어져 있다.

• 농도 단위(concentration unit)

용액의 농도는 여러 가지 방식으로 나타낸다. 유기 화학에서는 주로 몰농도(molarity, M), 질량/부피(mass per volume, m/v) 농도 또는 백분율(percentage) 농도를 사용한다.

몰농도는 용매 1L당 용질의 몰수로 나타낸다.

[몰농도(M)] = [용질의 몰수] / [용매의 부피(L)]

다른 유용한 방법은 용매 단위 부피당(1mL, 100mL 또는 1L) 용질의 질량(mg 또는 g)으로 나타내는 질량/부피 농도이다. 예를 들어, 50g의 NaCl이 최종 용매 부피가 1L에 녹아 있다면 이때의 m/v 농도는 다음과 같이 계산한다.

[NaCl] = [50g]/[1L] = 50g/L

백분율로 농도를 나타내는 방법으로는 질량/질량 백분율[weight in weight, %(w/w)], 부피/부피 백분율[volume in volume, %(v/v)], 질량/부피 백분율[weight in volume, %(w/v)] 등이 있다. 예를 들어, 용매 1,000g에 용질 100g이 녹아 있다면 %(w/w)는 다음과 같다.

[NaCl] = [100g/1000g] × 100 = 10%(w/w)

또한, 물에 ethanol(CH_cCH_2OH) 25mL를 혼합하여 최종 용액이 100mL가 되었다면 ethanol의 농도는 다음과 같다.

$$[CH_3CH_2OH] = [25mL/100mL] \times 100 = 25\%(v/v)$$

때로는 용액 100mL에 대한 용질의 질량으로 백분율 농도를 나타내기도 한다. 예를 들어, 6g의 NaCl을 물에 녹여 100mL의 용액을 만들었을 때 NaCl의(m/v) 백분율 농도는 다음과 같이 계산한다.

$$[NaCl] = [6g/100mL] \times 100 = 6\%(w/v)$$

• 몰(mole) 및 밀리몰(millimole)

실험할 때 시약은 실험자가 사용하고자 하는 정확한 몰비로 사용해야 한다. 몰수는 다음과 같이 계산한다.

몰수 = 질량(g) / 분자량(g/mol)

수득률은 이론적 수득률(theoretical yield)과 퍼센트 수득률(percent yield)로 구분된다. 이론적 수득률은 제한 시약(limiting agent)에 따라 정량적으로 반응하여 얻어지는 생성물의 이론적인 양이고, 퍼센트 수득률은 이론적 수득률에 대해 실제 얻어진 수율의 백분율로 나타낸 것이다.

% 수득률 = (실제 수득률/이론적 수득률) × 100

실험실에서는 단순히 한 단계로 목표물을 합성하기도 하지만 경우에 따라서는 여러 단계를 거쳐 합성하는 경우도 있다. 여러 단계 합성 중에도 처음 합성한 생성물을 다음 단계에 출발 물질로 이용하고, 그다음 단계는 앞 단계 생성물을 출발 물질로 이용하는 선형 합성(linear synthesis)과 각기 두세 단계를 거쳐 합성한 두 개 화합물을 반응시켜 최종 목표 물질을 합성하는 수렴형 합성(convergent synthesis)이 있다. 이들의 총괄 수득률(overall yield)은 다음과 같이 다른 방식으로 계산한다.

선형 합성의 총괄 수득률 계산: A에서부터 4단계를 거쳐 E를 합성한 경우는 아래와 같이 총괄 수득률을 계산할 수 있다.

$$A \rightarrow B \rightarrow C \rightarrow D \rightarrow E$$

단계별 수득률: 50% 50% 50% 50%

화합물 C까지 총괄 수득률: (0.5 × 0.5) × 100 = 25%

화합물 D까지 총괄 수득률: (0.5 × 0.5 × 0.5) × 100 = 12.5%

화합물 E까지 총괄 수득률: (0.5 × 0.5 × 0.5 × 0.5) × 100 = 6.25%

제6절 유기 실험 보고서 작성

1. 예비 보고서 작성

1) 제목

2) 실험 목적: 실험의 전반적인 목적에 대해 간략히 적는다.

3) 실험 원리 및 이론적 배경

- 이론 전개: 실험과 관련된 기본 원리에서 응용까지 참고할 수 있는 모든 자료를 찾아 적는다.
- 반응 및 반응식: 실험 과정에서 화학 반응이 수반되는 경우, 정확히 균형을 맞춘 화학 반응식을 적는다(반응식을 통한 반응의 메커니즘).

4) 실험기구 및 시약

- 실험기구: 실험에 사용한 기구들의 이름과 용도를 적고 사용법을 숙지한다.
- 시약: 실험에 사용한 시약들의 이름, 화학식, 화학식량, 용해도, 독성 등을 적고 사용법을 숙지한다.

5) 실험 방법

- 실제 수행할 실험 방법을 자세히 적고, 실험에 필요한 장치를 그림으로 도식화하여 설명한다.

2. 결과 보고서 작성

6) 실험 결과

- 모든 실험값과 관찰을 기록하며, 계산의 순서에 따라 차근차근 빠짐없이 실시하되 반드시 단위를 표시한다.

7) 논의 및 고찰

- 관찰한 내용을 토대로 의문이 생기는 점은 문헌을 찾아 조사하고, 실험 결과로부터 얻을 수 있는 결론을 도출한다.
- 예상에 빗나간 결과가 나타나면, 결과 분석을 통해 이유를 찾아 제시한다.

8) 참고 문헌

- 원리, 논의, 고찰 작성 시 참고한 모든 문헌을 작성하도록 한다(참고 문헌을 약기 방식으로 기재하고, 관련 쪽수를 적는다).
- 인터넷 사이트 참고 시 정확한 URL 주소를 적는다.

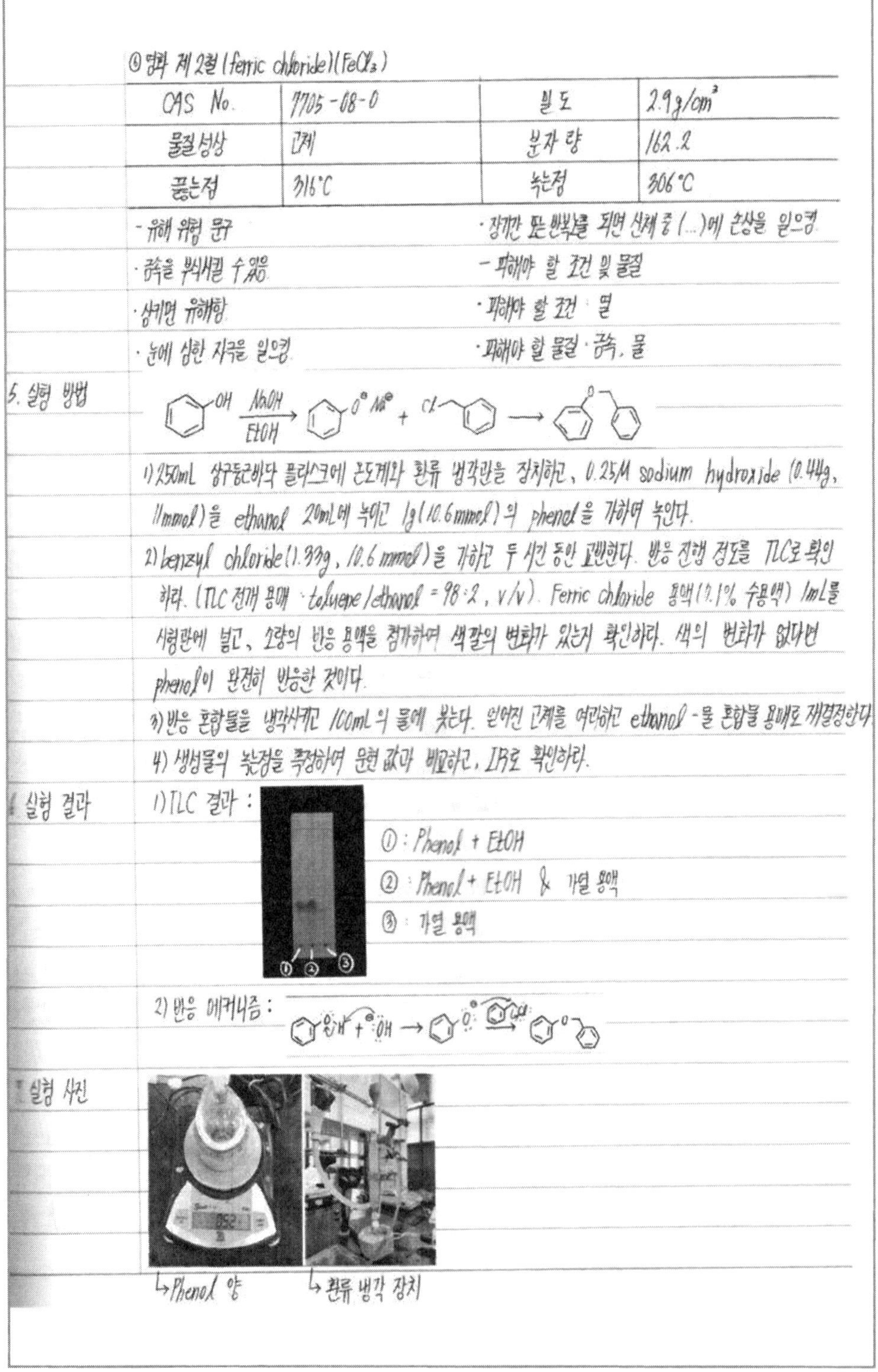

④ 염화 제2철 (ferric chloride)($FeCl_3$)

CAS No.	7705-08-0	밀도	2.9g/cm³
물질성상	고체	분자량	162.2
끓는점	316°C	녹는점	306°C

- 유해 위험 문구
· 금속을 부식시킬 수 있음
· 삼키면 유해함
· 눈에 심한 자극을 일으킴
· 장기간 또는 반복노출 되면 신체 중 (...)에 손상을 일으킴
- 피해야 할 조건 및 물질
· 피해야 할 조건 : 열
· 피해야 할 물질 : 금속, 물

5. 실험 방법

NaOH / EtOH

1) 250mL 삼구둥근바닥 플라스크에 온도계와 환류 냉각관을 장치하고, 0.25M sodium hydroxide (0.44g, 11mmol)을 ethanol 20mL에 녹이고 1g(10.6mmol)의 phenol을 가하여 녹인다.

2) benzyl chloride(1.33g, 10.6 mmol)을 가하고 두 시간 동안 교반한다. 반응 진행 정도를 TLC로 확인하라. (TLC 전개 용매 : toluene/ethanol = 98:2, v/v). Ferric chloride 용액(2.1% 수용액) 1mL를 시험관에 넣고, 소량의 반응 용액을 첨가하여 색깔의 변화가 있는지 확인하라. 색의 변화가 없다면 phenol이 완전히 반응한 것이다.

3) 반응 혼합물을 냉각시키고 100mL의 물에 붓는다. 얻어진 고체를 여과하고 ethanol-물 혼합물 용매로 재결정한다.

4) 생성물의 녹는점을 측정하여 문헌 값과 비교하고, IR로 확인하라.

6. 실험 결과

1) TLC 결과 :

① : Phenol + EtOH
② : Phenol + EtOH & 가열 용액
③ : 가열 용액

2) 반응 메커니즘 :

7. 실험 사진

↳ Phenol 양
↳ 환류 냉각 장치

그림 1.7 실험 노트의 예

CHAPTER 02

유기 실험의 기초 기술

제1절 가열과 온도의 측정

유기 화학 실험에서는 가열 상태에서 반응을 진행하는 경우가 많다. 유기 실험실에서는 주로 Heating mantle이나 Hot plate(가열판)를 이용하여 가열한다. 가열판 중에는 단순히 가열만 할 수 있는 것과 가열과 동시에 교반도 할 수 있는 교반기가 장착된 가열 교반기(hot plate with magnetic stirrer)가 있으며, 온도와 교반 속도의 조절이 가능하다.

온도는 어떤 물질이 함유한 에너지양의 척도가 되며, 물질을 구성하는 입자들의 운동에 의한 결과로 나타난다. 또한, 물리적 상태와 화학적 변화를 수행하는 능력에 영향을 미치기 때문에 화학에서 중요하다. 따라서 우리가 어떤 기준을 정해 놓고 그것과 상대적으로 비교한 값을 수치화해서 읽을 때 온도를 측정한다고 한다. 화학 실험실에서는 온도를 보통 섭씨(℃, Centigrade degree)로 표시하고 있으나, 종종 외국 문헌에서 화씨(°F, Fahrenheit degree)로 표시된 것을 볼 수 있다. 섭씨와 화씨 온도 간의 변환 식은 다음과 같다.

$$℃ = \frac{5}{9} \times (°F - 32) \qquad °F = \frac{5}{9}℃ + 32$$

물리량의 측정에 많이 사용하는 SI 기본 단위인 절대 온도 켈빈(K)은 −273.15℃를 0K(절대 영도)로 정하고, 1K의 온도 간격은 섭씨 온도와 같다. 따라서 절대 온도는 다음과 같은 식으로 구할 수 있다.

$$K = ℃ + 273.15$$

실험실에서 관측하는 온도는 측정하는 온도계의 종류에 따라 다소 차이가 나기도 하지만 유기 실험실에서는 특별한 경우를 제외하고는 보통 온도계 보정은 하지 않는다.

제2절 시약 및 생성물의 취급

실험에서 사용하는 모든 시약은 사용하기 전에 취급하려는 시약의 물리·화학적 성질을 충분히 조사해야 하며, 시약의 독성과 취급상의 문제점 및 유의점을 검토하고 해결해야 한다.

실험을 성공적으로 마치기 위해서는 순도가 높은 시약이 필요하다. 새 시약병에 담긴 시약은 순도가 확실하겠지만, 이미 사용하던 시약병에 담긴 시약의 경우에는 평소에 시약을 어떻게 사용하였는가에 따라 그 순도가 결정된다. 만일 시약에 불순물이 존재한다면 불순물을 제거·정제하여 사용해야 하며, 시약병에 담긴 시약의 순도를 유지하기 위해서는 시약을 취급하는 방법을 잘 익혀 두어야 한다.

사용하는 시약의 순도를 알아볼 수 있는 간단한 방법은 얇은 막 크로마토그래피(TLC; thin layer chromatography)나 기체 크로마토그래피(gas chromatography)를 사용하거나, 녹는점을 측정하는 방법 등으로 확인할 수 있다.

실험이 끝난 후 얻어진 생성물은 분석이 끝날 때까지 잘 보관하고, 분석이 끝난 후 폐기물을 버릴 때는 물질의 물리·화학적 성질에 따라 분리하고 주의하여 처리해야 한다.

1. 액체 시료의 첨가

액체 시약을 반응 혼합물에 첨가할 때는 흔히 피펫(pipette), 자동 피펫(automatic pipette), 실험용 주사기(syringe), 적하용 깔때기(dropping funnel) 등을 사용하게 되는데, 이 깔때기의 코크는 굳지 않고, 그리스 등을 바르지 않아도 사용할 수 있도록 테플론(teflon)으로 만드는 것이 이상적이다.

2. 고체 시료의 첨가

고체 상태의 시약은 반응 전의 실험 준비 과정에서는 액체나 기체보다 용이하지만, 실제로 반응 혼합물에 고체 시약을 첨가하기는 쉽지 않다. 보통 실험실에서 고체 시약을 첨가할 때는 Spatula로 일정량씩 떠서 가하기도 하지만, 반응이 가압 또는 감압하에서 진행되거나 혹은 반응 혼합물을 대기로부터 보호하여야 할 때는 적당한 용매에 녹여서 일정하게 적가하거나 고체 그대로를 첨가해야 하는데, 필요에 따라 <그림 2.1>과 같은 형태의 기구를 사용한다.

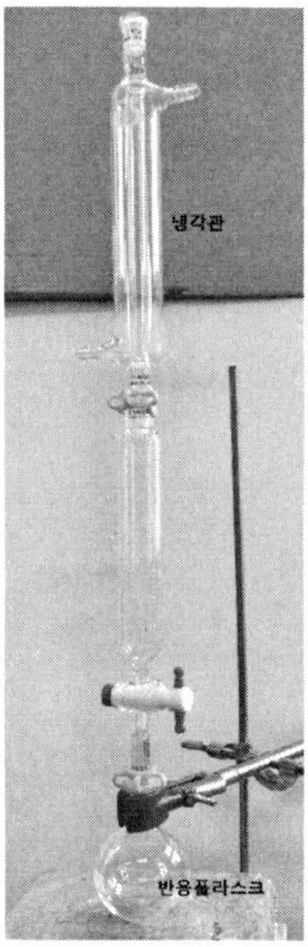

그림 2.1 연속 추출에 의한 고체 시료 첨가 장치

3. 기체 시료의 첨가

기체 시약을 사용할 때는 특별히 조심해야 한다. 화기를 멀리하고, 압력 변화로 인한 폭발 등에 미리 대비하며, 유리 기구 등을 사용할 때는 금이 간 것이 있는지 점검해야 한다. 또한, 유독 기체를 사용할 때는 유색 기체는 육안으로 식별할 수 있지만, 무색 기체는 육안으로 식별할 수 없으므로 각별한 주의를 기울여야 한다.

반응 중에 생기는 기체를 처리하는 것은 액체나 고체 폐기물을 처리하기보다 더 어렵다. 이때는 기체를 포집하거나 씻어버리는 데 필요한 기체 포집기와 같은 기구들이 고안되어 있으며, 이들을 사용하면 편리하게 처리할 수 있다.

제3절 여과

액체-고체 혼합물의 분리 기술인 여과(filtration)는 실험실에서 가장 많이 수행하게 되는 기술 중 하나이다. 여과하려는 물질의 성질이 다양하므로 때에 따라 적합한 여과 방법을 선택해야 하며, 필요에 따라서는 가열하거나 냉각해야 하는 경우도 있다.

가장 간단한 여과법은 깔때기와 여과지를 이용하는 것이며, 이 방법을 이용할 경우 여과 속도를 증진시키기 위해 <그림 2.2>와 같이 홈이 진 여과지(fluted filter paper)를 접어 사용하기도 한다.

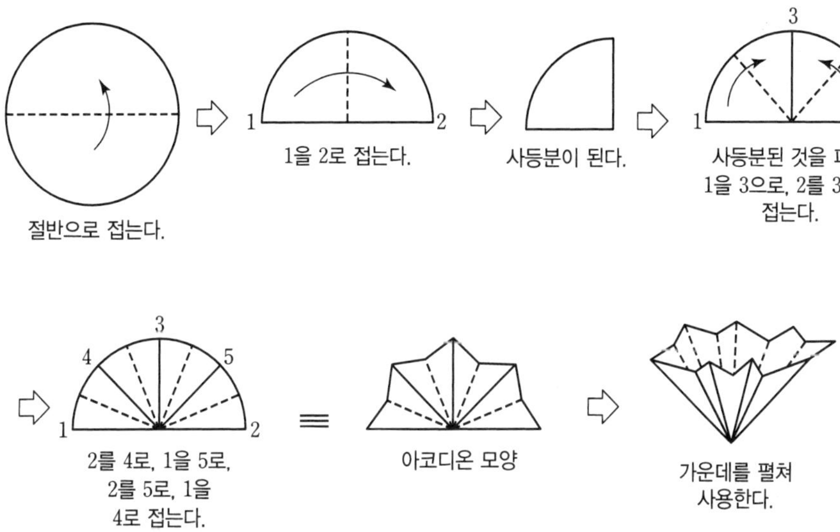

그림 2.2 홈이 진 여과지 접는 법

그러나 여과지는 강산 및 강염기 등에 약하고 감압 여과를 할 때는 여과지가 상할 우려가 있다. 이런 경우에는 유리 거르게(glass funnel)를 이용하면 상당한 감압하에서도 여과할 수 있으며, 보온 여과 및 냉각 여과 등도 손쉽게 수행할 수 있어서 편리하다.

감압 여과를 할 때는 여과 플라스크와 아스피레이터(aspirator)나 진공 펌프(vacuum pump)를 이용하여 <그림 1.6>과 같이 장치를 설치한다.

제4절 화합물의 건조

실험에 사용되는 시약이나 실험 후에 얻은 생성물의 건조는 매우 중요한 실험 기술의 하나이다. 용매나 시료의 불충분한 건조는 실험의 실패 원인이 될 수가 있으므로 특별히 주의해야 한다. 또한, 충분히 건조하지 않으면 생성물을 분석할 때 부정확한 자료를 얻게 되기 때문에 물질의 확인이 매우 어렵거나 불가능한 경우가 많다. 녹는점 측정, 끓는점 측정, 원소 분석 및 분광학적 분석 등이 특히 그렇다. 실험에 사용하는 원료나 최종 생성물은 때때로 다량 또는 소량의 수분을 함유하고 있으므로 이를 충분히 건조시켜 제거해야 한다.

건조 방법에는 가열 증발, 감압 증발, 원심 분리, 압축, 흡착, 추출 등과 같은 물리적 방법과 건조제를 사용하는 화학적 방법이 있으나 물리적 방법으로는 만족할 만큼 건조시킬 수 없는 경우가 많으므로 화학적 건조 방법을 많이 이용한다.

건조제는 건조하려고 하는 시약과의 반응성이 없어야 하고, 흡수력 및 흡수 용량이 커야 하며, 흡수 속도가 빨라야 한다는 조건이 있다. 건조제는 크게 다음과 같이 나눌 수 있다.

① 가역적으로 물과 화합하는 건조제
② 비가역적으로 물과 화학적인 반응을 하는 건조제

가역적으로 물과 화합하는 건조제의 예로 $CuSO_4$(무수)를 생각해 보자. 압력계가 달린 용기에 $CuSO_4$(무수)를 넣고 물을 천천히 흡수시키면서 25℃에서 측정한 증기압은 다음과 같다.

$$CuSO_4 + H_2O \rightleftharpoons CuSO_4 \cdot H_2O \quad 0.8\text{mmHg (25℃에서)}$$
$$CuSO_4 \cdot H_2O + 2H_2O \rightleftharpoons CuSO_4 \cdot 3H_2O \ 5.6\text{mmHg}$$
$$CuSO_4 \cdot 3H_2O + 2H_2O \rightleftharpoons CuSO_4 \cdot 5H_2O \ 7.8\text{mm}$$

이처럼 가역적으로 물과 화합하는 건조제는 높은 온도의 건조기에서 일정 시간 건조시키면 다시 재사용할 수 있다. 반면, 비가역적으로 물과 화학적인 반응을 하는 건조제의 예로서 P_2O_5와 Na 금속 등이 있는데, 이런 건조제는 한 번 사용하고 나면 다시 재생시킬 수가 없으며, 물과 폭발적으로 반응하므로 주의하여 사용해야 한다.

$$P_2O_5 + 3H_2O \longrightarrow 2H_3PO_4 \text{ (발열)}$$
$$2Na + 2H_2O \longrightarrow 2NaOH + H_2 \text{ (발열)}$$

1. 고체 시료 건조

고체 물질은 건조기(desiccator)나 수증기 건조기(steam dryer) 또는 공기 건조기(air

dryer) 등을 사용하여 건조시키는데, 보통 건조기를 많이 이용한다. 건조기 중에서 진공 건조기(vacuum desiccator)는 건조 속도를 빨리하기 위해 사용되며, 용도에 따라 여러 가지 형태들이 고안되어 있다. 건조기를 이용할 때는 밑바닥에 여러 가지의 건조제(drying agent)를 넣는다.

그림 2.3 진공 건조기

CHAPTER 03

유기 화합물의 작용기 확인

유기 화합물의 확인 방법은 크게 분광학적 방법과 화학적인 방법이 있다. 분광학적 방법은 IR, NMR 등을 통해 매우 유용하고 정확하게 정보를 얻을 수 있다. 유기 화합물이 포함하고 있는 작용기 확인 방법 중 화학적인 방법의 간략한 모식도는 다음과 같다.

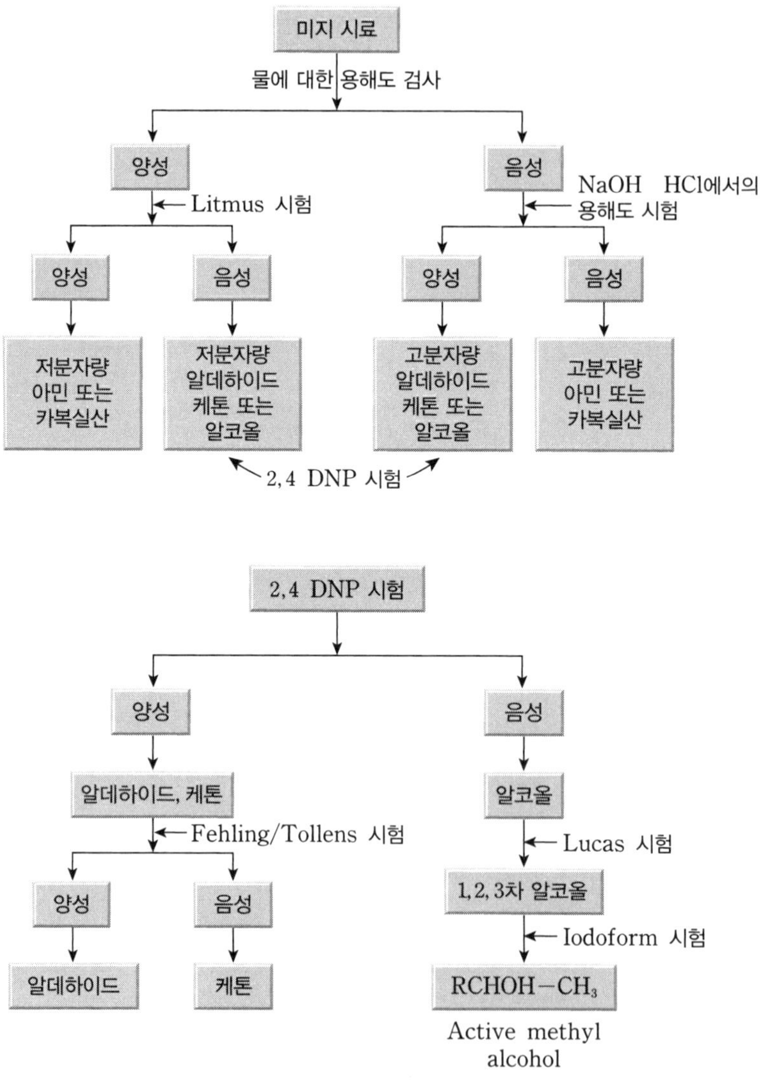

그림 3.1 미지 시료의 작용기 확인 분류 방법

유기 화합물의 확인에 대한 체계적인 방법은 무기 화합물과 원소를 확인하는 방법보다 훨씬 늦게 개발되었으며, 유기 정성 분석에 대해서는 Oliver Kamm 교수가 최초로 성공적인 체계를 세웠다. 이러한 체계적인 방법들은 1922년에 출판된 그의 저서에서 완성을 보였다. Oliver Kamm에 의해 개발된 방법들은 아직도 유기 정성 분석 교재

의 기초가 되고 있으며, 여기서도 그의 고전적 유기 정성 분석 방법을 변경하거나 현대화시켜 이용하였다.

최근에는 화합물의 분리와 분석에 크로마토그래피, 분광학적 분석 등의 기계적인 방법들이 많이 사용되며, 실제로 이러한 방법들은 유기 화학 실험에 대변혁을 일으켰다. 그러나 흥미로운 것은 고전적 유기 정성 분석 방법의 대다수가 아직도 남아 있다는 것이다. 이러한 방법들은 유기 화학의 기본 지식을 교육함에 있어서 흥미를 자아내고, 가장 효과적일 수도 있다는 사실이기 때문에 실험 방법으로 인정된다.

이번 장에서는 고전적 유기 정성 분석 방법에 대한 개요를 충분히 다루고, 순수한 유기 화합물의 확인과 이와 관련된 사항들에 대해서도 다룰 것이다. 만일 화학자가 유기 화합물을 확인해야 하는 문제에 직면하면, 유기 화합물들이 순수한지, 불순물이 섞여 있지는 않은지를 알아내어야 한다. 화합물이 순수하지 못하다면 고전적인 방법보다 훨씬 편리한 크로마토그래피 같은 근대적인 방법을 사용하여 순수한 물질을 쉽게 분리해 낼 수 있다. 그러나 분리에 이용되는 고전적인 방법도 잊어서는 안 된다.

유기 화합물의 혼합물을 분리하는 데 이용되는 가장 기본적인 방법은 혼합물의 각 성분이 갖는 물리적 성질의 차이를 이용하는 것인데, 이러한 성질의 차이는 증류, 재결정, 추출, 크로마토그래피 등을 포함하는 거의 모든 방법이 이용된다.

여기에서는 혼합물의 뷰리에 대한 일반적인 또는 특이한 방향을 제시해 주지는 않을 것이며, 만일 혼합물을 분리하고자 한다면 언급한 기초 실험 방법들(증류, 추출, 분리, 재결정, TLC 등)을 참고하여 적절한 실험 절차를 따라 각 과정마다 유의하여 실시해야 한다.

제1절 유기 정성 분석의 고전적 방법

고전적인 유기 정성 분석은 대체로 다음과 같은 여섯 가지의 기본적인 단계로 구성된다.

① 물리·화학적 성질에 대한 예비실험

② 물리적 상수의 결정

③ 원소 분석
④ 산-염기 반응이 포함되는 용해도 측정
⑤ 분류 실험: 산-염기 반응 이외의 작용기의 반응성
⑥ 유도체의 합성

비록 유기 화합물의 수가 통상적으로 알려진 무기 이온의 수보다 수천 배나 많을지라도, 알려진 유기 화합물을 확인하는 것이 무기 화합물보다 더 확실하게 실시할 수 있다.

1. 물리·화학적 성질에 대한 예비실험

예비실험을 정확하고 효과적으로 실시하기만 한다면, 다른 어떠한 확인 과정보다 적은 노력을 들여 많은 자료를 얻을 수 있다. 예를 들면, 미지 화합물의 결정형 고체라면 많은 유기 화합물이 액체 상태인 이유로 생기는 여러 가지 어려움이 배제되는 것이다.

화합물이 갖는 색깔도 좋은 정보로 사용된다. 대부분의 순수한 유기 화합물들은 백색(혹은 무색)이며, 별도의 색깔을 나타내는 것은 소량의 불순물이 포함되어 있음을 나타낸다. 순수한 유기 화합물이 색을 띠는 것은 보통 콘쥬게이션된 이중 결합이 원인이 되어 나타난다.

많은 유기 화합물, 특히 분자량이 적은 화합물들의 냄새는 매우 특색이 있으며, 의식적으로 냄새를 맡는다면 알코올, 에스터, 케톤, 지방족 탄화수소, 방향족 탄화수소와 같은 여러 종류의 화합물들이 갖는 독특한 냄새를 기억하고 익힐 수 있을 것이다. 적당한 거리에서 소량의 유기 화합물을 접했을 때 화합물들의 냄새를 기억할 수 있도록 한다. 예를 들어, thiol(mercaptan), isonitrile, 고분자의 카복실산, diamine 등의 불쾌한 냄새들은 정확히 설명할 수 없지만 한 번 경험하면 구분할 수 있을 것이다. 미지 화합물의 냄새를 확인하는 데 있어서 각별한 주의가 필요한 이유는 많은 화합물들이 불쾌한 냄새를 갖고 있을 뿐만 아니라 다량의 유기 화합물의 증기는 유독하기 때문이다. 이는 점액질의 막을 자극하게 되므로 결코 냄새를 맡아서는 안 된다.

연소 시험도 역시 매우 유용한 방법이다. 소량의(액체는 한 방울, 고체는 50mg 정도) 유기 화합물들을 작은 약숟가락 또는 도가니의 뚜껑에 놓고 마이크로 버너의 작은 불꽃으로 밑이나 옆을 가열하는데, 고체는 상온 혹은 더 높은 열을 가해 주면 녹는다. 이때 연소될 때 발생하는 불꽃의 특성을 관찰한다. 노랗고 그을음이 나는 불꽃이 나타나면, 유기 화합물이 방향족 화합물이거나 높은 분자량의 불포화 지방족 화합물임을 정성적으로 설명해 준다. 노란색이기는 하지만 그을음이 나지 않는 불꽃이 나타난다면, 이것은 지방족 탄화수소인 유기 화합물이 갖는 특징이다. 어떤 유기 화합물에 함유된 산소는 불꽃을 무색(또는 푸른색)에 가까워지도록 만든다. 즉, 다량의 산소가 함유되어 있다는 것은 할로젠을 포함한 것처럼 화염을 더 낮게 하거나 방해하게 된다. 또한, 냄새에서 이산화 황(SO_2)의 냄새가 확실하게 났다면, 그 유기 화합물은 황을 함유하고 있음을 암시한다. 만일 연소 후에 백색의 비휘발성 물질이 남아 있다면, 한 방울의 물을 가한 다음 리트머스 시험지나 pH 시험지로 용액의 액성을 측정하여 소듐염(또는 다른 금속염)의 유무를 확인할 수 있다. 왜냐하면 소듐염(또는 다른 금속염)은 알칼리 시험으로 확인할 수 있기 때문이다.

2. 물리적 상수의 결정

미지 화합물이 고체 상태이면 모세관 측정 방법으로 녹는점을 측정하고, 측정한 녹는점의 범위가 2℃ 이상일 때는 시료 화합물을 재결정한 다음 다시 녹는점을 측정한다. 미지 화합물이 액체 상태이면 끓는점을 측정했을 때 끓는점이 명확하지 않거나, 재현할 수 없거나, 무색이거나, 비균일이면, 화합물을 증류시킨 다음 다시 끓는점을 측정한다.

액체 상태의 화합물들, 특히 탄화수소, 에테르, 다른 반응성이 적은 화합물들에 대해서 유용한 물리적 상수에는 녹는점, 끓는점 이외에도 굴절률과 밀도가 있다. 이러한 상수들을 측정할 때는 실험 지도자의 지시를 받아 완벽한 방법을 이용하여 측정해야 한다.

제2절 원소 분석

원소 분석이란 미지의 화합물 속에 포함된 원소의 종류와 구성비를 알 수 있는 분석 과정을 말한다. 미지의 유기 화합물 안에 존재하는 탄소와 수소 외에 다른 원소들에 대한 지식은 유기 화합물을 확인하는 데 있어서 많은 정보를 준다. 예를 들어, 산소, 질소, 황, 할로젠 등이 있고, 그중 산소에 대해서는 간단한 분석 방법이 없다. 그리고 다른 원소들은 대부분 공유 결합으로 되어 있으므로 보통의 이온들에 대한 실험들에서는 좋은 반응을 나타내지 않는다. 그러나 미지의 유기 화합물을 소듐과 용융시키면, 화합물

대부분이 함유하는 N, S, X 원소가 CN^-, S^{2-}, CNS^-, X^-와 같은 이온으로 변화하기 때문에 반응할 수 있다.

반응이 완결된 다음 과잉의 소듐을 조심스럽게 분리하고, 이와 같은 음이온들을 포함하는 수용액을 무기 분석의 전통적인 방법을 사용하여 함유하는 원소들을 분석한다.

• 소듐 용융

석면을 안에 붙인 클램프를 사용하여 수직의 위치에 작고, 연성 유리로 만들어진 시험관을 장치한다. 시험관 안에 깨끗한 소듐 조각(두께 3~4mm 정도)을 넣고 소듐이 녹아 그 증기가 약 1cm 정도 오를 때까지 마이크로 버너의 작은 불꽃을 사용하여 조심스럽게 가열한다. 가열한 후에 불꽃을 치우고 용융 상태의 소듐에 소량(대략 5~10mg)의 유기 화합물을 직접 한 방울씩 가한다. 이때 반드시 보호 안경을 착용해야 하며, 여러 유기 화합물들은 용융 상태의 소듐과 격렬하게 혹은 폭발적으로 반응하므로 시험관 입구에 절대 얼굴을 가까이하지 말아야 한다.

시험관의 밑을 다시 가열한 다음 불꽃을 치우고 두 번째로 50~100mg의 유기 화합물을 가한다. 유기 화합물이 흐릿한 붉은 색으로 될 때까지 시험관의 밑을 가열한 다음 불을 옮기고 시험관을 냉각시킨다. 과잉의 소듐을 분리시키기 위해 ethanol 약 1mL를 가한다. 반응이 끝난 후에 ethanol이 끓을 정도로 용액을 가열하는데, 이때 진공 펌프(또는 아스피레이터)에 연결된 거꾸로 된 깔때기에 시험관의 입구를 위치한다. ethanol이 제거되면 시험관의 밑을 가열하고, 약 15mL의 증류수가 들어 있는 작은 비커에 뜨거운 시험관을 던져 넣어 깨뜨린다. 그다음 교반봉을 사용하여 용액을 끓을 때까지 가열한 후에 여과시키고, 여과액은 다음의 실험에 사용하기 위해 보관한다.

• 황

1~2mL 여과액 시료를 취해 시험관에 넣고 acetic acid를 사용하여 시료를 산성화시킨 후, 5%의 lead acetate 용액 몇 방울을 가한다. 이때 검은 침전은 lead sulfide이며, 이것은 시료의 유기 화합물이 황을 함유하고 있음을 나타낸다.

• 질소

2mL 정도의 여과액 시료를 취해 시험관에 넣고 Hydrion과 같은 지시약 종이를 사용하여 pH를 측정하면서 pH를 13으로 만든 다음, 용액 1mL를 다른 시험관에 옮긴다. 이러한 시료 용액에 ferrous ammonium sulfate의 포화 용액과 30% potassium fluoride

용액을 각각 두 방울씩 가하고 약 30초 동안 끓인다. Iron hydroxide의 침전이 거의 용해될 때까지 30% sulfuric acid를 조심스럽게 한 방울씩 가하여 용액을 산성화시킨다. 이때 용액에 과잉의 산이 들어가지 않도록 pH 시험지 등을 이용하면서 가해야 한다.

Potassium ferric ferrocyanide(Prussian blue)의 짙은 푸른색 침전이 형성되면, 시료 화합물에 질소가 함유되어 있음을 뜻한다. 만일 푸른색 침전의 존재가 확실하지 않고, 그 결과가 초록 또는 푸른색 용액이 될 때는 용액을 여과시킨 뒤, 여과지에 푸른색이 남아 있는지 확인한다. 만일 남아 있다면 질소 확인에 대해 약하기는 하지만 양성의 반응을 보이는 것이므로 질소의 존재를 확인할 수는 있다. 유기 화합물에 존재하는 질소는 소듐 용융에 의해 cyanide 이온(CN^-)으로 변화하게 된다.

• 할로젠 원소

2mL 정도의 여과액을 취해 리트머스 시험지로 측정하면서 nitric acid를 한 방울씩 가하여 산성화시킨 뒤, 이 시료 용액에서 hydrogen sulfide 또는 hydrogen cyanide를 제거하기 위해 수 분 동안 조심스럽게 끓인다. 용액을 냉각시키고 몇 방울의 silver nitrate 용액을 가하고 변화를 관찰한다.

silver halide의 침전이 생기면 시료의 유기 화합물에 염소, 브로민, 아이오딘이 함유되어 있음을 확인할 수 있다. 희미한 혼탁도는 원래의 시료 물질, 반응 물질 심지어는 소듐 용융에 사용한 시험관의 안에 할로젠 불순물이 있어서 영향을 주었음을 나타낸다. silver chloride의 백색, silver bromide의 엷은 노란색, silver iodide의 노란색과 같은 침전색은 특이한 할로젠 원소를 실험적으로 확인할 수 있다. 그러나 이러한 세 가지의 할로젠 원소들은 빛을 받으면 급격히 검어지며, 기본적인 유기 정성 분석의 과정을 따라 양성적으로 확인하지 않으면 안 된다.

제3절 용해도에 의한 화합물의 분류

산-염기 반응을 이용한 용해도의 측정은 유기 정성 분석의 기본적인 분야 중의 하나이며, 이 방법은 아직도 물질을 확인하는 자료로 이용되고 있다. 그러나 의례적인 등급을 갖는 미지 화합물을 명확하게 열거하는 것은 많은 수의 화합물들을 비록 구분된

선의 어디에서 선택하더라도 명확하지 않은 반응을 보이므로 오히려 제멋대로이다. 유기 화합물에 대한 대략적인 개요는 <그림 3.2>와 같다. 왼쪽에서 오른쪽으로 가는 순서는 용매 또는 반응물에 대해 실험할 수 있음을 나타내며, 처음에는 물에서의 용해도를 측정한다.

물에 대한 용해도를 고려하면 우리가 실험하려고 하는 어떤 화합물이 물 100mL에 3g의 범위로 녹거나 화합물 3mL가 물 100mg에 녹는다면, 이러한 화합물은 '물에 녹는다'라고 한다. 만일 미지 화합물이 이러한 범위에서 물에 녹는다면, 이 화합물은 sodium hydroxide 용액이나 다른 어떤 시약에 대해서는 실험할 필요가 없다. 그러나 수용액은 리트머스 시험지로 실험해 보아야 하며, <그림 3.1>과 같이 재확인하여 결과를 얻어내어야 한다. 만일 미지 화합물이 물에 녹지 않는다면 5% sodium hydroxide 용액으로 실험을 하는데, 물이 아닌 다른 시료 용액일 경우의 용해도는 3%가 아니다. 그러나 미지 화합물이 물에 녹지 않을 때는 산성 또는 염기성 작용기의 존재가 영향을 주어 산 또는 염기에서는 물에서 더 큰 용해도를 갖게 된다. 물에는 녹지 않으나 묽은 염기에는 녹는 미지 화합물은 carbamic acid보다 약산 또는 강산 사이에서 확인하기 위해 5% $NaHCO_3$ 용액에서 용해도를 측정한다. 한편 물과 묽은 염기에서 모두 녹지 않는 미지

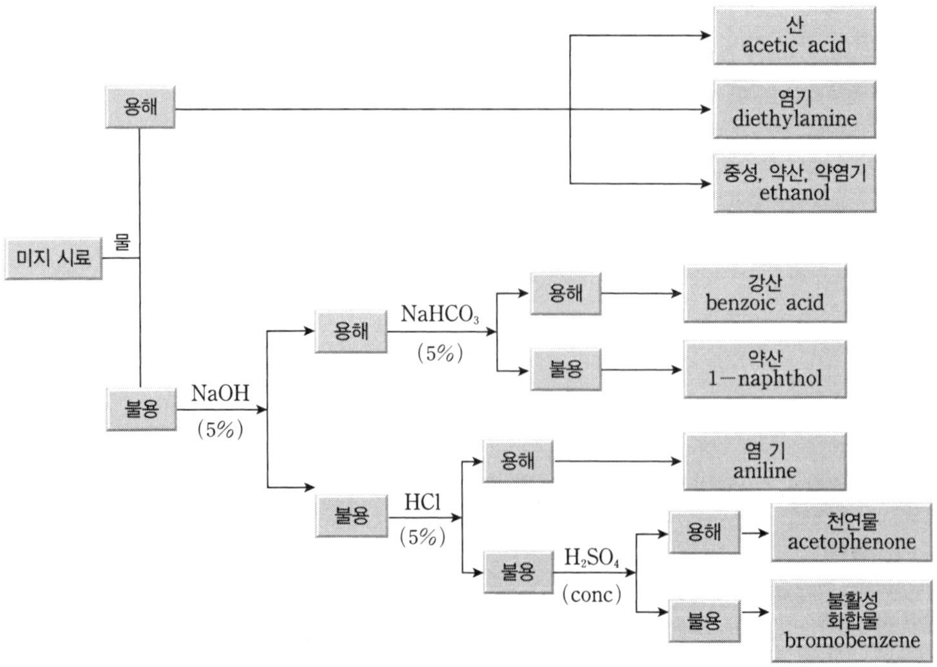

그림 3.2 산-염기 반응을 이용한 용해도에 의한 화합물 분류 방법의 전형적인 예

화합물은 약 5% 정도의 묽은 염산에서 용해도를 측정하며, 약염기와 강염기 사이에서 확인하려는 실험은 실시하지 말고 묽은 산 용액에서 용해도를 측정해야 한다.

시료 화합물이 약염기성이기 때문에 묽은 산 용액에서 녹지 않는 대부분의 유기 화합물들은 진한 황산과 반응하거나 진한 황산에 녹지 않은 것이다. 이러한 유기 화합물들을 수용액에서의 그들의 행동에 근거를 두어 중성이라 일컫는다. 그러나 실험하고자 하는 화합물들이 묽은 염산에서 녹거나 진한 황산에서 질소 또는 황을 포함하는 중성의 물에 녹지 않는 화합물일 경우는 논의하지 않기로 한다. 이러한 유기 화합물들은 묽은 염산 또는 진한 황산과 반응하거나 일정하게 녹기 때문이다. 기체의 방출 또는 침전의 생성과 같은 어떤 검출할 수 있는 반응을 일으키는 유기 화합물은 진한 황산에서의 용해도를 고려해야 한다.

이와 같은 정의에 따라 단일 작용기를 갖는 유기 화합물의 물에 대한 용해도를 위한 경계선은 통상 5개의 탄소 원자를 포함하는 동족 계열의 수에 가깝게 되며, butanoic acid(용해), pentanoic acid(경계), hexanoic acid(불용), 1-butanol(용해), 1-pentanol(경계), 1-hexanol(불용)이라는 사실들이 그 예가 된다. 분자 표면적과 용해도의 관계는 강조되지만, 관찰한 바에 의하면 2-methyl-2-butanol은 물에 녹으며, 용해도는 100mL의 물에 12.5g 정도가 녹는다.

각 실험자는 자신의 결정한 물리적 상수, 원소 분석 그리고 용해도 실험의 결과를 보고서로 작성해야 한다. 실험 지도자는 많은 시간을 소비하더라도 실험자가 어떤 오차(예; 끓는점, 녹는점의 경우 오차의 한계는 ±5℃)도 최소한으로 줄이도록 지도해야 한다.

1. 분류 실험

분류 실험에서는 산-염기 반응과는 달리 가열하는 조건에서 화합물 내의 다른 작용기를 확인하여 알켄, 알카인, 알코올, 케톤, 알데하이드 등 작용기 정보를 얻는 것은 미지 화합물의 연구에 큰 도움을 준다. 이러한 종류의 여러 반응들은 이미 다루었으며, 분류 실험에 도움이 될 수 있는 구조와 액성 종류들은 다음과 같다.

- 중성 화합물

  카보닐 화합물(aldehyde and ketone)

  불포화 화합물(alkene)

  할로알케인(haloalkane)

알코올(alcohol)

에스터(ester)

아마이드(amide)

나이트릴(nitrile)

나이트로 화합물

방향족 탄화수소

• 산성 화합물

카복실산(carboxylic acid)

페놀(phenol)

• 염기성 화합물

아민(amine)

제4절 유도체 합성에 의한 확인

고전적인 분석 방법에서는 종종 분석하고자 하는 물질들을 알려진 고체 상태의 다른 어떤 유도체로 변화시켜 확인하기도 한다. 알고 있는 화합물의 녹는점 또는 끓는점은 때로 미지의 유기 화합물을 완벽하게 확인할 수 있도록 해 준다.

1. 불포화 지방족 탄화수소(알켄 및 알카인)

- **알켄:** 탄소-탄소 이중 결합을 포함한 탄화수소
- **알카인:** 탄소-탄소 삼중 결합을 포함한 탄화수소

불포화 화합물의 보편적인 두 가지 형태는 알켄(alkene)과 알카인(alkyne)이다. 작용기인 탄소-탄소의 이중 결합 또는 삼중 결합으로 특성이 나타나며, 다른 작용기를 전혀 갖지 않는 불포화 지방족 화합물의 고체 상태 유도체를 합성하는 간단한 방법은 존재하지 않지만, 이러한 두 가지의 작용기가 존재하는 것을 확인하는 실험은 때때로 유용하다.

불포화 화합물에 대한 보편적인 정성 분석 방법은 화합물을 carbon tetrachloride의 존재하에서 bromine과 반응시키는 방법과 potassium permanganate와 반응시키는 방법 등이 있다. 두 실험 방법 모두에서 양성 반응은 시약의 탈색으로 구별할 수 있다.

1) Bromine 시험

알켄이나 알카인의 간단한 시험 방법은 carbon tetrachloride 속에서 Br_2의 첨가 반응이다. 이 반응에서 미지 시료가 알켄이나 알카인이라면 빠른 속도로 브로민의 색깔이 사라질 것이다.

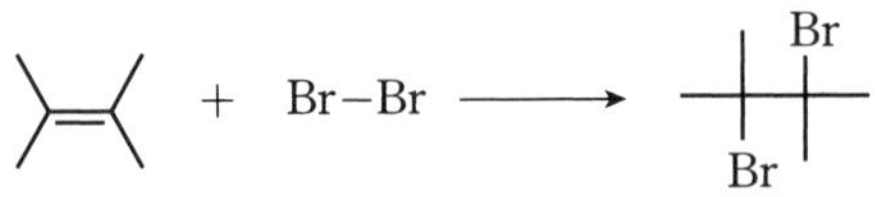

갈색 무색

1mL CCl_4에 미지 시료 50mg 혹은 두 방울을 녹이고 2% bromine 용액(CCl_4 용매)을 브로민색(갈색)이 나타날 때까지 가한다. 만일 브로민색이 나타나게 하는 데 두 방울 이상이 필요하게 되면 이것은 양성 반응이다.

2) Permanganate 시험

Permanganate 시험도 불포화도를 확인하는 유용한 방법이며, 알켄은 permanganate에 의해 *cis*-1,2-diol로 되면서 보라색 빛깔이 사라진다.

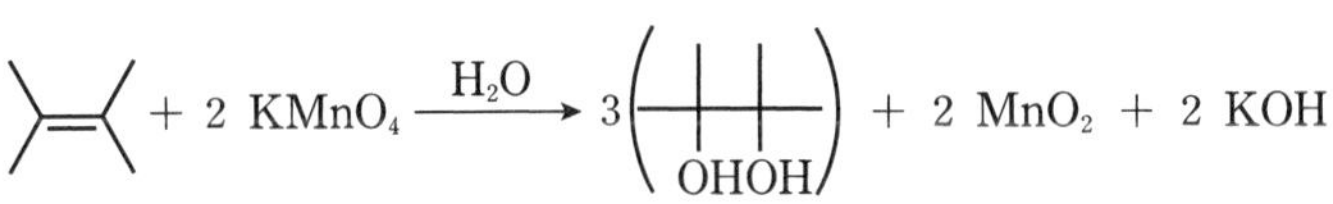

보라색 무색

2mL의 물이나 acetone에 25mg 혹은 한 방울의 미지 시료를 가하고 잘 흔들면서 1% $KMnO_4$ 수용액을 첨가한다. 만일 $KMnO_4$ 수용액이 한 방울 이상 필요하게 되면 이것은 양성 반응이다.

3) Tetranitromethane 시험법

Tetranitromethane은 불포화 화합물과 적황색의 π 착물(π-complex 혹은 charge-transfer complex)을 만든다. 다른 방법으로 불포화도를 확인하지 못하는 많은 경우에 이 방법이 유용하게 쓰이기도 한다.

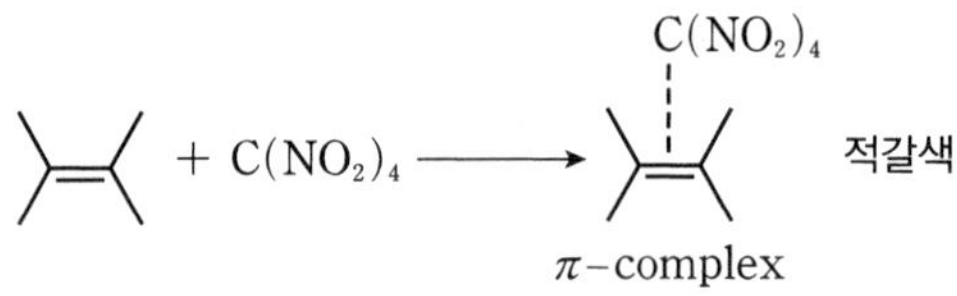

25% Tetranitromethane의 chloroform 용액에 소량의 미지 시료를 가한다. 불포화도가 증가할수록 색깔이 진해진다. 이 방법에서 allylic alcohol과 알카인은 음성 반응을 보이며, cyclopropane에서는 양성 반응을 보이므로 유의해야 한다.

4) 2,4-Dinitrobezenesulfenyl chloride법

2,4-Dinitrobezenesulfenyl chloride는 알카인과 반응하여 유색의 결정상 생성물을 생성한다.

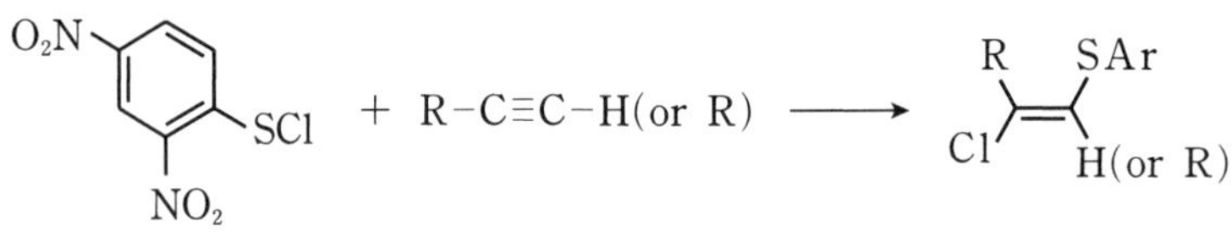

Ethylene chloride에 2,4-dinitrobenzenesulfenyl chloride를 녹이고 0℃로 냉각시킨 후 미지 시료의 알카인을 과량으로 적가한다. 반응 혼합물을 0℃에서 2시간 이상 방치하고 용매와 과량의 알카인을 제거한다(감압하에서). 나머지를 결정화될 때까지 냉각시키고 활성탄을 이용하여 ethanol로 재결정한다.

2. 할로알케인

할로알케인에 대한 유기 정성 분석은 화합물이 일차, 이차, 삼차 할로알케인 중의 어떤 것인지를 결정하는 데 유용하다. 일반적으로 유기 정성 분석이 silver nitrate 알코올 용액과의 반응, acetone 용매 속에서 sodium iodide와의 반응 등 두 가지로 한정되어 있으므로 할로알케인의 유도체를 고체 상태로 합성하는 것은 매우 어렵다.

1) Silver nitrate 시험

어떤 유기 화합물이 할로젠(Br, Cl 혹은 I)을 포함하고 있다는 것을 알고 있다면 알코올 용매 속에서 silver nitrate와의 반응을 관찰함으로써 물질의 구조에 대한 자료를 얻을 수 있다. 전체 반응 과정은 아래 반응식과 같다. 이러한 반응은 S_N1 반응의 형태일 것이다.

$$R-X + AgNO_3 \xrightarrow{EtOH} AgX + RONO_2$$

S_N1 반응에서 다른 것과 같이 삼차 할로젠화물보다는 반응이 더 잘되며, 이차 할로젠화물은 일차 할로젠화물보다 반응이 더 잘 일어난다. Silver halide 침전의 형성은 화합물이 각각 다른 구조로 되어 있으므로 할로젠으로부터 서로 다른 속도로 형성됨을 예상할 수 있다. 즉, 일차<이차<삼차의 순서로 증가한다. 이러한 속도 차이들은 일차, 이차, 삼차 할로젠화물의 시료와 silver nitrate를 각각 다른 시험관 안에서 실험함으로써 확인할 수 있다.

bromoalkane과 iodoalkane은 chloroalkane보다 더 신속하게 반응하고 chloroalkane은 적당한 시간 동안 따뜻하게 가열함으로써 반응이 진행된다. silver nitrate는 대체로 vinyl halide 혹은 할로알카인과 같은 시약에 대해서는 반응하지 않으며, allylic halide는 비록 일차 일지라도 알릴 양이온의 공명 안정화 현상 때문에 삼차 할로젠화물보다 더 크거나 비슷한 반응성을 가진다.

실험 방법으로는 ethanol 안에 2%의 silver nitrate 용액 2mL를 넣고, 여기에 한 방울의 할로알케인을 가한다. 상온에서 5분 이내에 반응이 관찰되지 않으면, 끓는 물이 들어 있는 비커에 혼합물을 따뜻하게 하면서 발생하는 어떤 변화라도 관찰한다. 이때 생기는 침전의 색의 변화도 기록한다. 즉, silver chloride는 백색, silver bromide는 옅은 노란색이며, silver iodide는 노란색의 침전을 형성한다. 만일 침전이 소량이면 용액에 5%의 nitric acid 몇 방울을 더 가하고, 이때 발생하는 변화도 관찰·기록한다.

silver halide는 산에 녹지 않으므로 생성된 침전의 양이 줄어들 염려는 없다. 예상한 반응성을 확인하기 위해 일차, 이차, 삼차 할로젠화물에 대해 같은 방법으로 실험을 시행한다. 할로젠들의 반응성이 각각 상이함을 관찰하기 위해 가능하면 iodoalkane, bromoalkane, chloroalkane들을 사용한다.

2) Sodium iodide 시험

일차, 이차, 삼차 할로젠화물을 구별하기 위한 다른 방법에서는 acetone에 sodium iodide를 녹여 사용하며, 이러한 실험은 silver nitrate 알코올 용액을 사용하는 실험의 단점을 거의 완벽하게 보충해 준다. 이때 두 가지 방법을 모두 사용하면 첨가된 알킬기의 전체 구조에 대해 상당히 정확한 지식을 얻을 수 있다.

이 시험 방법은 sodium iodide는 acetone에 잘 녹는 데 반해 sodium chloride와 sodium bromide는 모두 acetone에 잘 녹지는 않는다는 사실에 근거를 둔다. 이러한 반응에 대한 화학 방정식은 다음과 같다.

$$R-Cl + NaI \xrightarrow{\text{acetone}} R-I + NaCl$$

$$R-Br + NaI \xrightarrow{\text{acetone}} R-I + NaBr$$

이 반응에서는 iodide 이온이 친핵체이기 때문에 전체의 반응은 S_N2 반응이고 반응성의 순서는 일차>이차>삼차 순서이다. 이러한 실험 시약과 반응하여 일차 bromide는 상온에서 약 3분 만에 sodium bromide의 침전을 형성한다.

반면, 일차 chloride와 이차 chloride는 반응이 일어나기 전에 약 50℃ 정도로 가열해 줄 필요가 있다. 이차 bromide와 삼차 bromide는 50℃에서 반응하지만, 삼차 chloride는 적당한 시간 안에 반응이 일어나지 않는다. 이러한 사실들은 이 실험이 bromide와 chloride에만 제한시켜 적용할 수 있음을 암시한다.

실험 방법으로는 시험관에 1mL의 sodium iodide-acetone 실험 용액을 넣고 여기에 chloride 혹은 bromide의 화합물 두 방울을 가한다. 만일 시료 화합물이 고체이면 시료 화합물 50mg을 최소 부피의 acetone으로 녹인 다음 침전이 형성되는지를 기록한다. 3분이 지난 뒤에도 변화가 일어나지 않으면 50℃의 물이 든 비커에서 용액에 열을 가한다. 6분간 가열한 다음 상온까지 냉각시킨 후 어떤 침전이 생기는가 또는 생기지 않은가를 관찰·기록한다.

일련의 일차, 이차, 삼차 할로젠화물의 경우 chloride와 bromide 모두에 대해 이러한 실험 과정으로 실험을 시행한다. Sodium bromide 혹은 sodium chloride의 형성 속도에 의한 증거로 모든 경우에 대한 반응성의 차이를 관찰·기록한다.

3. 알코올

1) 특성 시험

알코올의 기능식 이름은 하이드록시기가 결합된 알킬기의 이름에 독립된 낱말 알코올을 붙여서 명명한다. 사슬은 항상 하이드록시기가 결합된 탄소에서 시작하여 번호를 붙인다. 하이드록시기(OH)의 존재 여부에 대한 실험은 OH기를 함유하고 있는지를 확인하는 이외에도 OH기가 일차, 이차, 삼차 중 어느 위치에 결합하고 있는지도 알아낼 수 있다.

① Chromic acid 시험

만일 어떤 유기 화합물이 알데하이드 작용기를 함유하고 있지 않다는 사실을 미리 알고 있다면, acetone 속에서 chromic acid와 반응시켜 하이드록시기의 존재 여부를 확인할 수 있다.

Chromic acid를 사용하는 이러한 실험에서 일차 알코올과 이차 알코올은 양성 반응을 나타내지만, 삼차 알코올은 반응하지 않는 것으로 구별할 수 있다. 그러나 일차 알코올과 이차 알코올은 구별할 수 없다.

② Lucas 시험

Lucas 시험은 일차, 이차, 삼차 알코올을 구별하는 데 사용되었고, Lucas 시약은 진한 염산과 zinc chloride의 혼합물로 구성되며, 알코올과 반응하여 상응하는 chloroalkane으로 변화한다. Lucas 시약과 반응시킬 경우 일차 알코올은 눈에 보이지 않을 정도의 반응을 일으키고, 이차 알코올은 더 빠르게 반응하며, 삼차 알코올은 가장 빠르게 반응한다.

양성의 반응은 알코올이 시약 속에서 녹을 수 있다는 사실에 의존하는 데 반해 할로알케인은 그렇지 않기 때문에 두 번째 층 혹은 에멀션이 형성되는 것은 양성 반응을 일으키는 것으로 간주한다. Lucas 시약 속에서 알코올의 용해도는 실험의 유용성으로 인하여 제한되어 있으며, 대체로 다작용기 알코올보다 탄소 원자의 수가 6개 이내인 단일 작용기 알코올에 이용된다. 알코올과 hydrochloric acid 사이의 친핵 변환 반응과 Lucas 시약을 사용하는 반응과의 유사점은 이미 다루었으며, Lucas 실험에서 Lewis 산인 zinc chloride가 존재한다면 hydrochloric acid에 대한 알코올의 반응성을 굉장히 증가시킨다.

$$1^{\circ}: RCH_2-OH + HCl \xrightarrow{ZnCl_2} \text{No Reaction}$$

$$2^{\circ}: R_2CH-OH + HClt \xrightarrow{ZnCl_2} R_2CH-Cl$$

$$3^{\circ}: R_3C-OH + HCl \xrightarrow{ZnCl_2} R_3C-Cl$$

실험 방법으로는 시험관에 분석하고자 하는 시료 화합물 대략 1mL를 넣고, 여기에 hydrochloric acid-zinc chloride 시약(Lucas 시약) 10mL를 가한다. 상온에서 시험관을 세워 장치하고 혼합물을 흔들어 준다. 이러한 실험을 일차, 이차, 삼차 알코올에 각각 실시하고, 각각의 경우마다 두 번째의 층 또는 에멀션으로 나타나는 chloroalkane의 형성에 요구되는 시간을 측정한다.

2) 유도체 합성 시험

알코올의 확인에 사용되는 유도체 합성법에는 urethane법과 benzoate ester법 두 가지가 있는데, urethane법은 일차 및 이차 알코올에 유용하게 이용되며, benzoate ester법은 모든 형태의 알코올에 적용될 수 있다.

① Urethane법

알코올을 아릴(aryl)기가 치환된 isocyanate, ArN=C=O와 반응시키면 알코올의 첨가 반응에 따라 urethane이 형성된다.

$$\mathrm{Ar-N=C=O} + \mathrm{R'OH} \longrightarrow \mathrm{ArNHCOOR'}$$

통상 많이 사용되는 isocynate들은 α-naphthyl isocyanate, p-nitrophenyl isocyanate, phenyl isocyanate들이다. 주된 부반응은 물과 isocyanate를 작용시키는 반응이며, 이러한 반응에서 물은 isocyanate를 아민으로 가수분해시키고, 아민을 다시 isocyanate와 반응시키면 이치환 urea를 형성한다.

$$\mathrm{Ar-N=C=O} + \mathrm{H_2O} \longrightarrow \underset{\text{carbamic acid}}{(\mathrm{ArNHCOOH})} \longrightarrow \mathrm{ArNH_2} + \mathrm{CO_2}$$

$$\mathrm{Ar-N=C=O} + \mathrm{ArNH_2} \longrightarrow \underset{\text{이치환 urea}}{\mathrm{ArNH-C(=O)-NHAr}}$$

urea는 자체의 대칭적 구조로 인해 높은 녹는점을 갖는 아민이기 때문에, urea를 요구하는 정도까지 정제하기가 매우 어렵다. 이러한 과정은 물에 용해되지 않는 알코올에 대해서는 양호한 방법이며, 따라서 무수 형태에서는 쉽게 실시할 수 있다. 이러한 형태의 유도체는 phenol에 대해서도 또한 유용하게 사용되며, 그 방법은 지방족 알코올과 phenol에 대해 사용할 수 있도록 하는 일반화된 과정을 사용하기로 한다.

실험 방법으로는 시험관에 1g의 무수 알코올 혹은 phenol을 넣고 0.5mL의 phenyl isocyanate 또는 α-naphthyl isocyanate를 가한다(만일 시료 화합물로 phenol을 사용한다면 촉매로 pyridine 2~3방울을 가한다). 반응이 자발적으로 진행되지 않으면 시험관을 수증기 중탕(60~70℃)에서 5분 동안 열을 가한다. 얼음을 채운 비커에 시험관을 넣어 혼합물을 냉각시키고, 시험관의 옆을 문질러서 결정화시킨다. carbon tetrachloride 또는 petroleum ether를 사용하여 재결정한다.

② 3,5-Dinitrobenzoate법

3,5-Dinitrobenzoyl chloride와 알코올을 반응시키면 상응하는 에스터를 얻는다. 이러한 방법은 일차, 이차, 삼차 알코올, 특히 물에 용해되는 알코올에 대해 유용하게 사용된다.

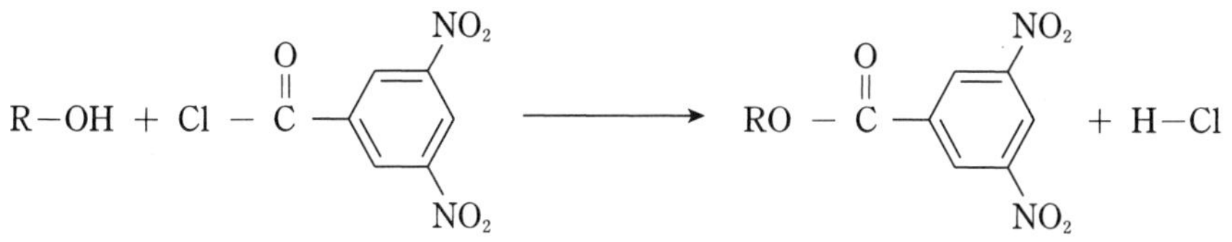

실험 방법으로는 시험관 안에 0.5g의 3,5-dinitrobenzoyl chloride을 넣고 여기에 2mL의 증류수를 가한다. 그 뒤 고체 생성물을 모아서 10mL의 2% carbonate 용액으로 씻어준 다음 알코올 수용액을 사용하여 재결정화시킨다. 재결정에 사용하는 용매는 가능한 한 소량의 부피를 사용한다. 생성물은 뜨거운 용액 안에서는 녹으나 냉각시키면 결정으로 얻어지기 때문에 알코올의 충분할 만큼의 물을 가하여 용매의 조성을 조정해야만 한다.

4. Aryl halide 및 방향족 탄화수소

1) 특성 시험

방향족 고리의 존재를 확인하는 실험은 진한 황산에서 녹지 않는 화합물(용해도 측정 참조)에만 적용되며, 분석하는 실험은 무수 aluminum chloride 촉매가 존재하는 경우에 방향족 화합물과 chloroform 사이에 반응이 일어나기 때문에 사용할 수 있다. 이러한 형태의 반응에서 나타나는 색은 종종 확실한 방향족 화합물에 대해서는 매우 특징적이지만, 지방족 화합물에 대해서는 색이 나타나지 않거나 나타나더라도 약하게 나타난다. 이와 같은 실험에 대한 여러 가지의 특이한 예는 다음의 표와 같다.

화합물 형태	색깔
Benzene 또는 동족체	오렌지색에서 붉은색으로
Aryl halide	오렌지색에서 붉은색으로

경우에 따라 이러한 색들은 시간이 변함에 따라 변화하며, 마지막으로 갈색 용액이 생성된다. carbon tetrachloride는 chloroform이 존재하는 조건에서 사용하는데, 그 이

유는 단순한 색을 나타내기 때문이다.

이러한 실험은 benzene에서 시작하여 최종 생성물이 triphenylmethane이 되는 Friedel-Crafts 알킬화 반응에 근거를 둔다.

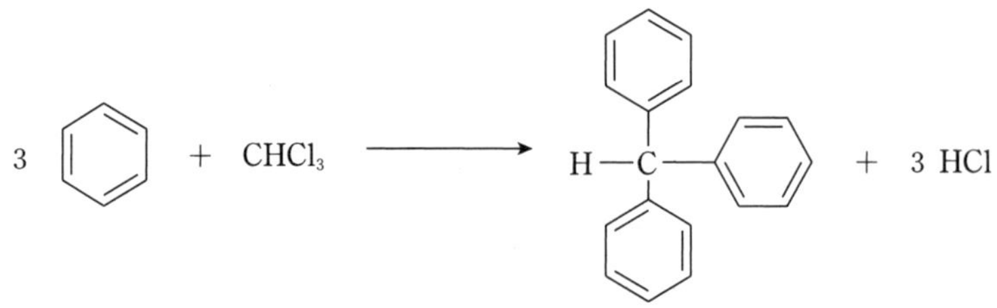

triphenylmethyl 양이온[$(C_6H_5)_3C^+$]과 같은 화학종의 발생 때문에 생기는 색은 $AlCl_4^-$ 염과 동일 용액에서 나타난다. 즉, 이러한 종류의 이온들은 세 개의 방향족 고리를 통하여 전하의 광범위한 비편재화가 가능하기 때문에 짙은 색을 나타내게 된다. 실험이 양성 반응을 나타내면 의미가 있으나 음성 반응을 나타내면, 즉 어떤 화합물이 너무 반응성이 적어서 Friedel-Crafts 반응을 쉽게 적용할 수 없으면, 방향족 구조의 규정에 따라 제외시켜야 한다.

실험 방법으로는 거의 수직으로 장치한 pyrex 시험관에 약 100mg의 무수 aluminum chloride를 넣고 화합물이 시험관의 바닥에서 3~4cm 정도의 높이로 승화될 때까지 가열한다. 시험관의 열이 거의 없어져 안전해질 때까지 냉각시킨 다음, 고체일 경우 약 20mg, 액체일 경우 약 1mL의 미지 시료를 벽면을 따라 조심스럽게 가하고, 뒤따라 2~3방울의 chloroform을 같은 방법으로 가한다. 시료와 chloroform이 aluminum chloride와 접촉하는 곳에서 붉은색에서 푸른색의 범위로 변하는 밝은색이 나타나면 미지 화합물에 방향족 고리가 존재함을 양성적으로 나타내 준다.

Aryl halide에 대해 양성 반응을 나타내는 실험을 직접적인 방법으로 실시하는 것은 어렵다. 이런 경우에는 간접적인 방법에 따라 확인해야 하는데, 원소 분석으로 할로젠의 존재를 알아내어야 한다. 만일 silver nitrate 시험과 sodium iodide-acetone 시험 모두가 음성이라면 그 화합물은 silver nitrate와 sodium iodide의 두 가지 모두와 반응하지 않는 vinyl halide 혹은 aromatic halide와 매우 유사한 화합물임을 알 수 있다. vinyl halide와 aromatic halide의 구별은 aluminum chloride-chloroform 시험에 의해서만 수행할 수 있다.

2) 유도체 합성 시험

유도체 합성 시험의 두 가지 형태는 방향족 탄화수소와 aryl halide로 크게 나누어 수행하는데, 이러한 유도체들은 ① 나이트로화 반응, ② 곁가지 사슬 산화 반응 등에 의하여 수행한다.

곁가지 사슬 산화 반응은 곁가지가 카복실산으로 되는 산화 반응이 수반된다. 카복실산들은 간혹 고체 상태로 존재하기 때문에 분석에 적당한 유도체들을 얻을 수 있다. 산화 반응의 일반적인 방법에는 chromic acid를 사용하는 방법과 potassium permanganate를 사용하는 방법의 두 가지가 있으며, 이러한 두 가지 형태의 산화 반응을 시행하기 위한 실험 과정은 보통 매우 적은 양의 화합물을 사용하지 않으면 안 되기 때문에 다시 한번 다루기로 한다.

① 나이트로화 반응

Aryl halide의 가장 좋은 상태의 유도체 중 대부분은 한 개 혹은 두 개의 NO_2기를 갖는 반응이 생성물이며, 나이트로화 반응에서는 이러한 두 가지를 다 사용할 수 있다. 화합물이 이미 알려진 물질이건, 미지 물질이건 간에 이러한 화합물 중의 대부분은 나이트로화시킬 때의 언제나 특이한 반응조건에서 활발하게 반응하기 때문에 조심해야 한다.

② 곁가지 사슬 산화 반응

- Permanganate법

4g의 potassium permanganate를 80mL의 H_2O에 녹여 제조한 용액에 1g의 미지 시료 화합물을 가한다. 여기에 1mL의 10% sodium hydroxide 용액을 가하고 permanganate의 독특한 자줏빛 색이 사라질 때까지, 즉 대략 30분에서 3시간까지 환류시키면서 혼합물을 가열한다. 환류 과정이 끝나면 혼합물을 냉각시키고 묽은 황산을 가하여 산성화시킨다. 혼합물을 30분간 더 가열하고 다시 냉각시킨 다음 sodium bisulfite 용액을 첨가하여 과잉의 갈색 manganese dioxide를 제거한다. 이때 bisulfite는 manganate dioxide를 물에 녹는 manganese ion으로 환원시킨다. 감압 여과하여 남아 있는 고체형의 산을 모은 다음 benzene이나 ethanol 수용액을 사용하여 재결정한다. 만일 고체형의 산이 적거나 없으면 산이 얼마간 물에 녹는다는 사실이 원인이 된다고 하여도 무방하며, 이때는 수용액 층을 chloroform, ether 또는 dichloromethane으로 추출하고, 유기 추출물들을 건조한 다음 후드에서 수증기 중탕하여 유기 용매를 제거한다. 녹는점을 측정하기 전에 정제한다.

- Chromic acid법

15mL의 물에 7g의 sodium dichromate를 녹이고 여기에 2~3g의 화합물을 가하여 산화시킨다. 혼합물에 10mL 진한 황산을 저어 주고 냉각시키면서 가한다. 플라스크에 환류 냉각기를 장치하고 반응이 시작될 때까지 천천히 가열하다가 반응이 시작되면 불꽃을 치우고, 필요하다면 혼합물을 냉각시킨다. 끓음이 멈춘 후에 혼합물을 환류시키면서 2시간 동안 가열한다. 반응 혼합물에 25mL의 물을 넣고 침전물을 여과시켜 분리해 낸 다음 고체 침전물을 플라스크에 옮기고, 여기에 20mL의 5% sodium hydroxide 용액에 녹이고 여과시킨다. 여과액에 25mL의 10% 황산을 교반시키면서 가한 다음 새로운 침전물을 모아서 물로 씻고 benzene이나 ethanol 수용액을 사용하여 재결정한다.

5. Phenol

1) 특성 시험

페놀성 하이드록시기의 존재를 결정하는 방법에는 ① bromine water, ② ceric nitrate 시약, ③ ferric chloride 용액 등을 사용하는 방법이 있다. 이러한 방법 외에도 용해도를 측정함으로써 phenol에 대해 예비적으로 확인할 수 있다. phenol은 5% sodium hydroxide 용액에는 녹으나, 5% sodium bicarbonate 용액에는 대체로 녹지 않기 때문이다.

① Bromine water

일반적으로 phenol은 매우 반응성이 큰 친전자 치환 반응을 일으키며, 그 결과로써 bromine 수용액에 의하여 쉽게 브로민화된다. 브로민화 반응의 속도는 carbon tetrachloride 용액에서보다 물속에서가 훨씬 크다. carbon tetrachloride보다 극성이 더 큰물은 bromine의 이온화를 증가시켜 브로민화 반응 속도를 증가시키기 때문이다. hydrogen bromide가 비록 유리되었을지라도 용매로 물을 사용할 때는 관찰되지 않는다. Phenol은 매우 반응성이 크기 때문에 하이드록시기가 치환되지 않은 *ortho*, *para* 위치에 bromine이 치환된다. 브로민화된 화합물은 종종 고체 상태로 형성되기도 하는데, 이는 유도체로도 사용할 수 있다. aniline과 치환된 aniline도 역시 bromine에 대해 반응성이 매우 크며 유사하게 반응하지만 용해도 측정은 aniline과 phenol의 구별에 사용할 수도 있다.

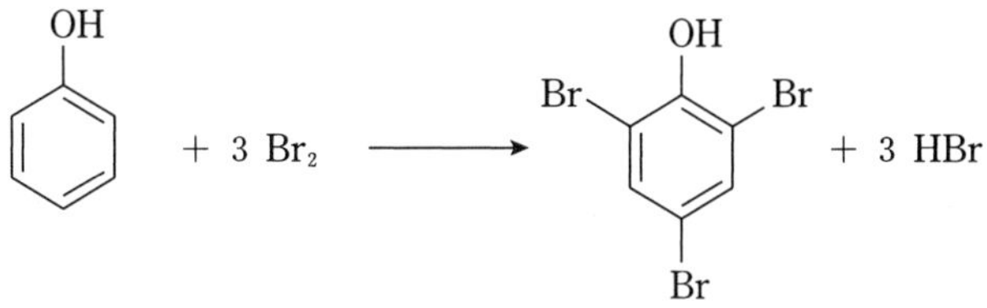

② Ceric nitrate 시약법

지방족 알코올과 phenol은 ceric nitrate 착물에서 NO_3^- 이온 대신 치환되는 능력이 있으며, 그 결과로 노란색 용액이 붉은색 용액으로 변하게 된다.

$$\underset{\text{노란색}}{(NH_4^+)_2Ce(NO_3)_6} + R-OH \longrightarrow \underset{\text{붉은색}}{(NH_4^+)_2Ce(OR)(NO_3)_5} + HNO_3$$

지방족 알코올과 phenol이 양성 반응을 나타내려면 탄소 원자의 수가 10개 이하여야 한다. 지방족 알코올은 붉은색 용액을 만들지만, phenol은 수용액에서는 갈색 또는 녹황색 침전물이 되며, dioxane에서는 붉은색-갈색 용액을 생성한다. 방향족 아민도 ceric nitrate 시약으로 산화되며, 양성 반응을 나타내는 색을 띤다.

③ Ferric chloride 시험

대부분의 phenol과 엔올(enol)은 ferric chloride와 반응하여 색이 있는 착물을 형성하며, 이때의 색은 phenol 또는 엔올의 본질뿐만 아니라 용매, 농도, 관찰의 시간 등에 따라 변화한다. 수용액 또는 알코올성의 용액에서 착색 반응이 일어나지 않는 여러 가지의 phenol은 chloroform에서도 역시 그렇다. 특히 한 방울의 pyridine을 가한 후에는 반응이 거의 일어나지 않는다. 색을 가진 착물의 본질은 아직 확실하지 않다. 즉, 가시광선을 흡수하는 ferric phenoxide염의 일종일지도 모르는 것이다. 따라서 색이 나타남은 phenol과 엔올은 특성이기는 하지만, 대부분의 phenol과 엔올은 색을 나타내지 않는다. 음성의 ferric chloride 분석은 뒷받침되는 자료(예를 들어, ceric nitrate 시험과 bromine water 시험) 없이는 이루어질 수 없다.

2) 유도체의 합성

Phenol은 α-naphthyl urethane과 브로모 유도체 등 두 가지의 유용한 고체 상태의 유도체들을 갖는다. urethane의 합성은 지방족 알코올의 정성 분석에서 논의하였으나, 이 경우에도 사실은 어떤 치환된 urethane을 제조하였으며, phenol의 유도체는 대부분이 α-naphthyl urethane임이 밝혀졌다.

6. 카복실산

1) 특성 시험

카복실산(-COOH)기에 대한 가장 좋은 정성적인 분석 중의 하나는 염기성 용액에서 용해도를 측정하는 것이며, 산의 첨가에 따라 재생될 수 있는 성질 때문에 카복실산은 5%의 sodium hydroxide 용액과 5%의 sodium bicarbonate 용액 모두에서 녹는다. 용해도의 특이성에 대해서는 서론에서 다루었으므로 여기서는 제외시키기로 한다.

카복실산에 통용되는 정량적인 특성에 대한 자료로는 당량(equivalent weight)과 중화 당량(neutralization equivalent)이 있으며, 이러한 값들은 질량을 알고 있는 산을 표준화된 염기 용액으로 적정하여 사용된 염기 용액의 부피를 가지고 계산한다.

$$\text{중화 당량} = \frac{\text{시료의 무게(mg)}}{\text{염기 부피(mL)} \times \text{노말 농도}}$$

2) 유도체의 합성 시험

카복실산으로부터 ① 아마이드 ② anilide ③ *p*-toluidine의 세 가지 유효한 유도체를 만들 수 있으며, 이러한 세 가지의 유도체들은 acid chloride와 유사하게 카복실산을 ammonia, aniline, *p*-toluidine으로 처리하여 합성한다. 아마이드 유도체는 물에 더 잘 녹는 경향이 있으므로 대체로 다른 두 가지의 유도체보다 우수하지 못하며, 결과적으로 분리가 더 어렵게 된다. Acid chloride는 산 또는 그 산의 염, thionyl chloride로부터 편리하게 합성할 수 있다.

Acid Chloride의 합성

$$\text{RCOOH} + \text{SOCl}_2 \longrightarrow \text{RCOCl} + \text{SO}_2 + \text{HCl(또는 NaCl)}$$
$$\text{(또는 RCOO}^-\text{Na}^+\text{)}$$

Amide의 합성

$$\text{RCOCl} + 2\ \text{NH}_3 \xrightarrow{\text{냉각}} \text{RCONH}_2 + \text{NH}_4^+\text{Cl}^-$$

Anilide의 합성

$$\text{RCOCl} + 2\ \text{C}_6\text{H}_5\text{NH}_2 \longrightarrow \text{RCONHC}_6\text{H}_5 + \text{C}_6\text{H}_5\text{NH}_3^+\text{Cl}^-$$

Toluidine의 합성

$$\text{RCOCl} + 2(p\text{-CH}_3\text{C}_6\text{H}_4\text{NH}_2) \longrightarrow \text{RCONHC}_6\text{H}_4\text{CH}_3 + p\text{-CH}_3\text{C}_6\text{H}_4\text{NH}_3\text{Cl}$$

① 아마이드

Acid chloride와 변하지 않는 thionyl chloride가 포함된 혼합물에 얼음으로 냉각시킨 진한 ammonia 15mL를 극히 조심스럽게 가한다. 이때 반응이 폭발적이므로 주의해야 한다.

침전된 아마이드를 여과 방법으로 분리한 다음, 물 혹은 ethanol 수용액을 사용하여 재결정한다. 얻어진 생성물의 녹는점을 측정한다.

② Aniline 및 *p*-toluidine

1g의 산 또는 산의 소듐염과 2mL의 thionyl chloride를 사용하여 acid chloride를 미리 제조해 둔다. 혼합물을 30분 동안 조심스럽게 환류시키면서 가열한 다음 이를 냉각시킨다. 냉각된 혼합물에 30mL의 benzene에 1~2g의 적당한 아민(aniline 또는 *p*-toluidine)을 녹인 용액을 가한다.

혼합물을 수증기 중탕에서 약 2분간 가열하고 나서 분액깔때기에 benzene 용액을 가만히 따른다. 유기층은 2mL의 물, 5mL의 염산, 5mL의 sodium hydroxide 용액의 순서로 씻고, 마지막으로 2mL의 물로 다시 씻는다. Benzene을 증발시켜 제거하고, 아마이드를 물 또는 ethanol 수용액으로 재결정한 다음 녹는점을 측정한다.

7. 아민

1) 특성 시험

아민은 Hinsberg 시험과 nitrous acid 반응의 두 가지 방법에 따라 정성적으로 분석된다. 아민의 존재를 확인하여 주는 용해도 측정과 더불어 이와 같은 분석들은 아민이 일차인지 이차인지 또는 삼차 아민인지를 구별해 준다.

① Hinsberg 시험

Sodium hydroxide 용액의 존재하에서 일차, 이차 아민과 benzenesulfonyl chloride와의 반응은 상응하는 benzenesulfoneamide를 생성한다. 반면에 삼차 아민은 이러한 시약과 반응하지 않는다. 다음의 화학 반응식들은 반응의 진행 여부와 생성물들을 보여 준다.

반응은 통상 과잉의 염기가 존재하는 곳에서 수행된다. 만일 아민이 일차라면, 처음에 형성된 sulfonamide는 용해 가능한 소듐염을 형성하는 염기에 의하여 제거되는 산성 수소를 갖게 되며, 산의 첨가에서 물에 녹을 수 있는 sulfonamide는 재생할 수 있다. 만일 아민이 이차라면 생성된 sulfonamide는 염기와 산에 모두 녹지 않으며, 삼차라면 반응이 일어나지 않으며 변화하지 않는 아민으로 회복된다.

일차 아민

이차 아민

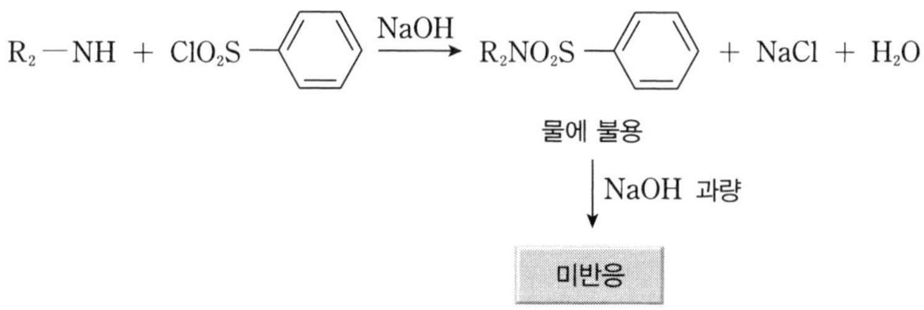

삼차 아민

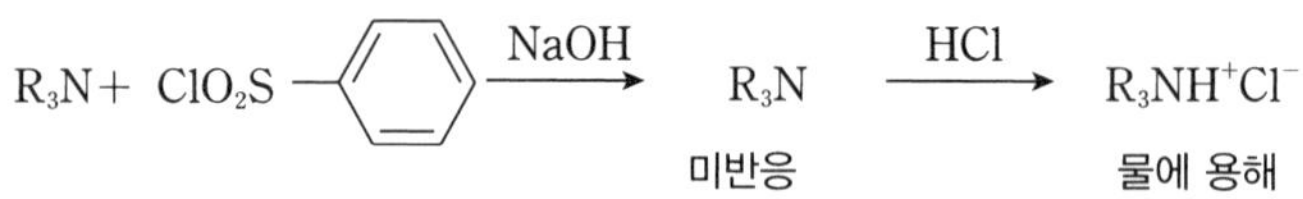

이와 같은 세 가지의 가능한 배열에서 일차, 이차, 삼차 아민을 확인하는 단 하나의 방법은 생성물의 산과 염기에 대한 용해도를 측정하는 것이다. 그러나 Hinsberg 시험은 조심스럽게 진행해야 하며, 시험 결과는 정확하게 해석해야 한다. 부주의하게 실시한 실험은 오해를 불러일으킬 수 있으므로 실시하지 않는 것보다 더 나쁘다. 만일 결과를 해석하는 데 어떠한 의문점이라도 존재하면 기지의 화합물을 사용하여 실험을 시행하여 그 결과와 미지 화합물에 대한 실험의 결과를 비교·검토해야 한다.

② Nitrous acid 시험

이 실험은 항상 benzenesulfonyl chloride 실험을 확장시키고 재확인하기 위해 사용된다.

- 무색 기체(nitrogen)를 신속히 방출하면 지방족 일차 아민이다.

$$RNH_2 \xrightarrow[HCl]{NaNO_2} [RN_2^+Cl^-] \xrightarrow{H_2O} N_2 + ROH + RCl + \text{알켄}$$

- 방향족 일차 아민은 낮은 온도에서 안정한 diazonium염을 형성한다. 만일 격렬한 질소의 방출을 관찰할 수 없으면 2N sodium hydroxide 2mL에 50mL의 β-naphthol을 녹인 차가운 용액에 냉각된 반응 혼합물 몇 방울을 가한다. 노란색이나 붉은색을 띤 아조 염류가 형성되면 시료 화합물이 방향족 일차 아민이다.

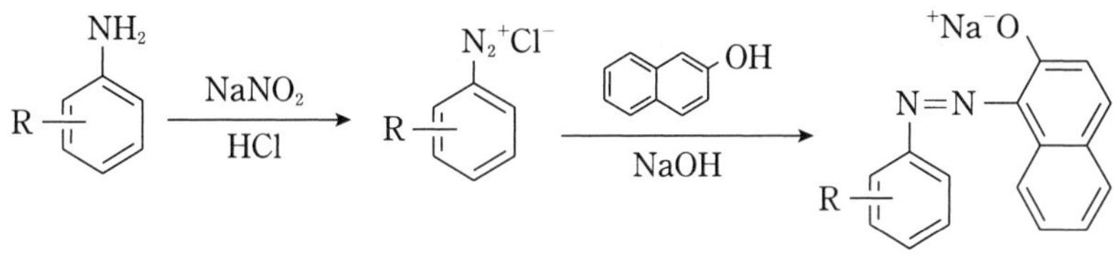

- 만일 질소는 방출되지 않고 불용성의 노란색 또는 오렌지색의 액체가 분리되면, 미지의 아민이 지방족 혹은 방향족 이차 아민이다.

$$R_2NH + HONO \longrightarrow R_2N-N=O + H_2O$$

- 만일 감지할 수 있을 정도의 반응이 관찰되지 않으면 미지의 아민이 방향족 삼차 아민임을 확인할 수 있으며, 이것의 염산염은 산성 용액에서 녹지 않는다.

$$R_3N + HCl \longrightarrow R_3NH^+Cl^-$$

노란색을 띠는 것은 *N*, *N*-dialkylaniline과 nitrous acid와 반응으로부터 나타나는 결과이다. 그러나 *p*-nitrous 유도체는 산성 용액에서 초록색을 띠며, 이것의 염은 노란색을 띤다.

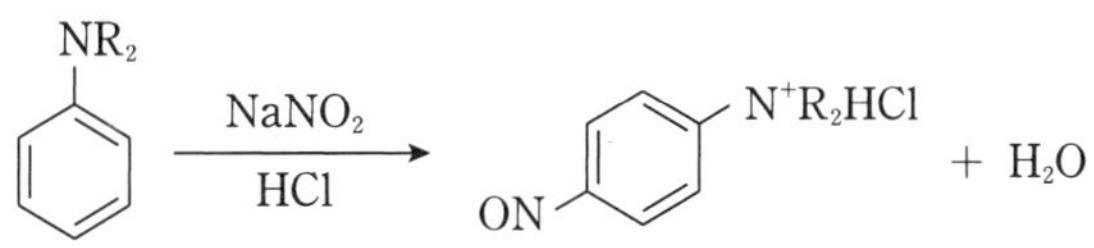

2) 유도체의 합성 시험

일차 아민과 이차 아민의 확인에 유용한 유도체에는 benzamide와 benzenesulfonamide가 있다.

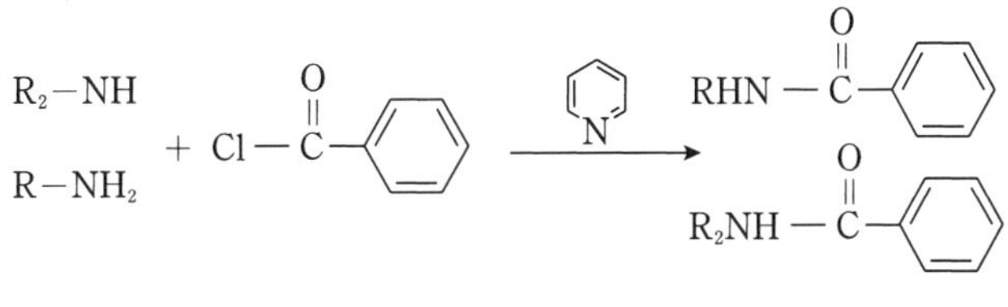

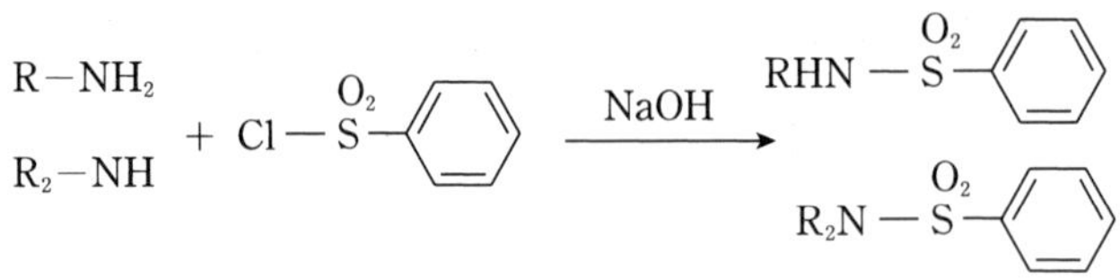

이상과 같은 반응은 비록 일차 아민이나 이차 아민을 분석하는 데는 만족하지만, 삼차 아민에는 적용시킬 수 없다. 일반적으로 삼차 아민을 분석하는 데는 삼차 아민이 염을 형성한다는 사실을 이용하지 않으며, 두 가지의 유용한 결정형의 염은 methyl iodide와 picric acid로부터 얻을 수 있다.

$$R_3N + CH_3-I \longrightarrow [R_3N^+-CH_3]I^-$$

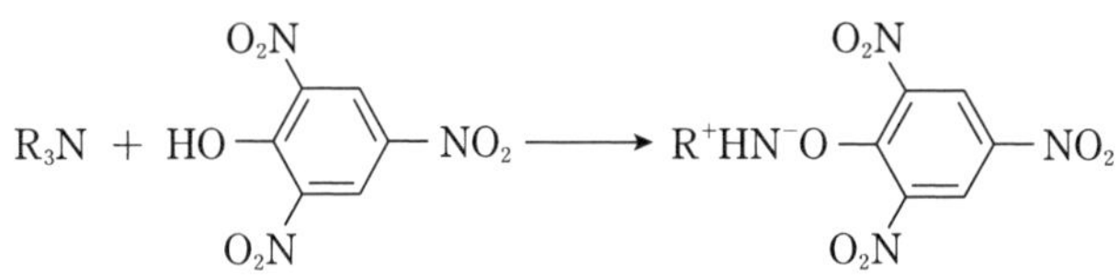

8. 나이트로 화합물

1) 특성 시험(Ferrous hydroxide 시험)

산화제인 유기 화합물들은 ferrous hydroxide(푸른색)를 ferric hydroxide(갈색)로 산화시킬 것이며, 이러한 반응 경로에서 작용하는 유기 화합물들의 대부분은 나이트로 화합물들이다. 이러한 나이트로 화합물들은 반응을 일으켜 지방족 혹은 방향족 아민이 된다. 같은 실험에서 얻어지는 화합물들로는 hydroxyl amine, alkyl nitrate, alkyl nitrile, nitroso 화합물들이 있다.

2) 유도체 합성 시험

나이트로 화합물들은 서로 다른 형태를 보이는 두 가지의 유도체를 합성할 수 있다. 방향족 나이트로 화합물은 nitric acid-sulfuric acid와 반응하여 두 개의 NO_2기가 치환되거나 세 개의 NO_2기가 치환되는 반응을 일으킬 수 있으며, 나이트로화에 대한 실험 과정과 이론은 'aryl halide' 부분에서 설명하였다. 유도체의 합성에 대한 다른 방법은 지방족 아민과 방향족 아민으로 상응하는 나이트로 화합물을 환원시키는 것이며, 환원된 아민은 "아민 특성 시험"에서 설명할 바와 같이 benzamide 또는 benzenesulfonamide로 변환시켜 확인하는 것이다.

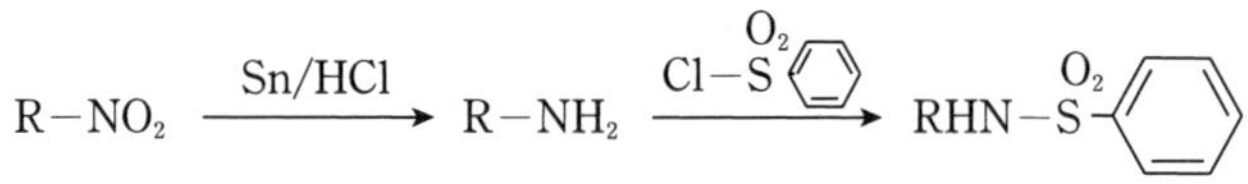

9. 에스터

1) 특성 시험

에스터(RCOOR')기의 존재 여부는 hydroxylamine과 ferric chloride를 사용하는 실험을 통해 확인할 수 있다. hydroxylamine은 hydroxamic acid를 에스터로 변환시키며, hydroxamic acid는 Fe(Ⅲ)와 반응하여 착색된 화학종을 만든다.

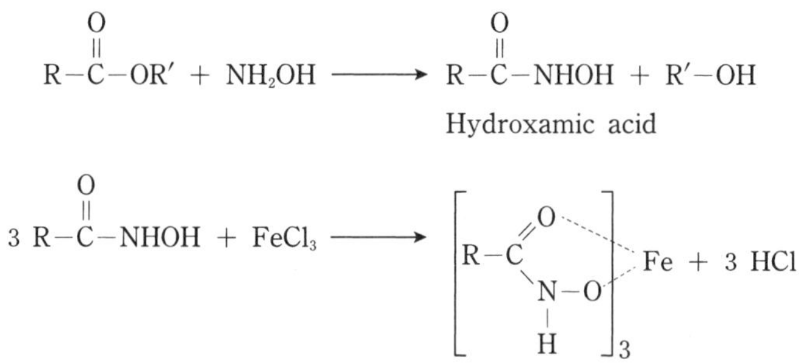

다양한 붉은색

이때 발생하는 색은 모든 카복실산 에스터(polyester와 lactone을 포함하여) 분자 내의 구조적인 특징에 의존하여 강도가 다양한 자홍색을 나타낸다. acid chloride와 acid anhydride도 역시 양성 반응을 일으키며, formic acid는 붉은색을 나타내지만 다른 산들은 음성 반응을 일으킨다. 대부분의 이마이드(imide)는 양성 반응을 나타내지만, 모두는 아니더라도 대부분의 아마이드는 밝은 자홍색을 띤다. 또한, 대부분의 나이트릴은 음성 반응을 나타낸다.

2) 정량 시험

에스터기를 검출하려면 에스터기의 당량에 대한 자료를 얻을 수 있어야 한다. 에스터 가수분해 당량(saponification equivalent)이라 일컫는 이러한 값이 필요하다.

$$\text{에스터 가수분해 당량} = \frac{\text{에스터 무게(mg)}}{(\text{mL}\times\text{노말 농도})_{\text{알칼리}} \times (\text{mL}\times\text{노말 농도})_{\text{산}}}$$

3) 유도체 합성 시험

에스터를 완전하게 특성화시키기 위해서는 산과 알코올 성분의 고체 상태 유도체를 제조할 필요가 있다. 그런데 이러한 반응에서 문제가 되는 것은 적당한 유도체를 만들기 위해 순수한 형태의 산 및 알코올 성분들을 분리하여 내는 것이다. 분리 방법 중의 한 가지로 높은 온도에서 끓는 용매를 사용하여 에스터의 가수분해를 시행하는 방법이 있다. 또한, 만일 알코올이 낮은 온도에서 끓는다면 반응 혼합물로부터 생성된 유도체를 정제하거나 특성화시킬 수 있다. 혼합물 안에 남아 있는 산도 역시 분리해 낼 수 있으며, 산과 알코올의 유도체에 대해서는 이미 논의하였다.

$$R-\overset{\overset{\displaystyle O}{\|}}{C}-OR' + OH^- \longrightarrow R-\overset{\overset{\displaystyle O}{\|}}{C}-O^- + R'-OH$$

10. 나이트릴

1) 특성 시험

나이트릴(nitrile)에 대한 정성 분석 방법은 에스터의 분석 방법과 유사하다. 보통의 나이트릴은(아마이드와 마찬가지로) hydroxylamine과 ferric chloride로 처리하면 색이 있는 용액을 형성한다.

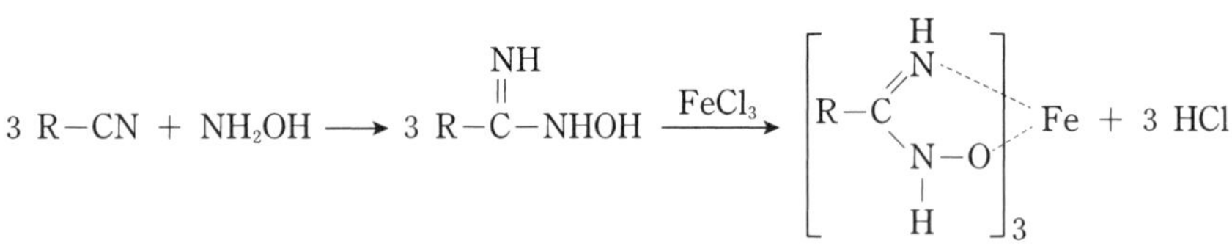

2) 유도체의 합성 시험

산성 또는 염기성 용액에서 나이트릴을 가수분해하면, 결국 나이트릴과 상응하는 카복실산으로 변화한다. 유도체의 합성은 앞에서 설명한 방법에 따라 실시한다.

염기성 가수분해

$$R-CN + NaOH \xrightarrow{H_2O} R-COO^-Na + NH_3$$

산성 가수분해

$$R-CN + NaOH \xrightarrow[H_2O]{H_2SO_4} R-CONH_2 \xrightarrow[H_2O]{H_2SO_4} RCOOH + NH_3$$

또 다른 유용한 유도체 합성에 의한 나이트릴의 확인 방법은 1951년 Magat 등(E. E. Magat, B. F. Faris, J. E. Reith and I. F. Salisbury, *J. Am. Chem.*, *Soc.*, 73, 1028(1951))

에 의해 개발된 반응을 기초로 하는 것이다. 이 방법은 공업적으로 다이나이트릴(dinitrile)로부터 나일론과 같은 폴리아마이드(polyamide)를 합성하는 데 이용하고 있다. 이 반응의 메커니즘은 탄소양이온 전구체와 나이트릴이 Ritter 반응을 하는 것으로 생각된다.

$$2\ R-CN + CH_2O \xrightarrow[H_2SO_4]{H_2O} \underset{\text{Methylene-bis-amide}}{(RCONH)_2CH_2}$$

대부분의 나이트릴의 methylene-bis-amide(MBA) 유도체의 녹는점은 매우 유사한 값들을 갖는다. 그러나 시험에서 합성한 MBA 유도체를 깨끗하게만 정제하면 효과적으로 나이트릴을 확인할 수 있고, 이 방법이 간편하므로 유용하다.

표 3.1 몇 가지 나이트릴 및 그 유도체들의 끓는점 및 녹는점

나이트릴	끓는점	녹는점		
		나이트릴	MBA 유도체	카복실산 모체
Acrylonitrile	78	-	185	(oil)
Acetonitrile	82	-	(sol.)	(oil)
Propionitrile	97	-	189	(oil)
Isobutyronitrile	108	-	198	(oil)
Butyronitrile	118	-	186	(oil)
Pentanonitrile	141	-	187	(oil)
Benzonitrile	191	-	218	212
Octanonitrile	203	-	174	(oil)
o-Tolunitrile	205	-	173	105
m-Tolunitrile	212	-	174	111
p-Tolunitrile	218	29	221	178
Benzyl cyanide	234	-	215	76
4-Chlorobenzyl cyanide	267	30	221,235	105
1-Naphthonitrile	299	37	265	162
2-Chlorobenzonitrile	232	43	191	141
4-Bromobenzyl cyanide	-	47	240	114
3,4-Dimethoxybenzylcyanide	-	63	177	99
4-Chlorobenzonitrile	-	93	220	240
4-Nitrobenzyl cyanide	-	116	240	153

① 염기성 가수분해

10mL의 10% sodium hydroxide 용액과 1g의 나이트릴을 섞고, 혼합물을 끓을 때까지 가열하면서 ammonia의 냄새가 나는지 관찰한다. 혼합물이 균일하게 된 후에 냉각시키고 리트머스 종이를 이용하여 산성을 만든다. 산이 고체이면 여과하여 결정을 분리하고, 액체이면 산 용액을 diethyl ether로 추출한 다음 에테르 용액을 건조시킨다. 에테르는 증류시켜서 제거하는데, 에테르를 제거하고 남은 찌꺼기가 산이다. 산 유도체의 합성 방법은 앞부분을 참고한다.

② 산 가수분해

1g의 나이트릴을 10mL의 진한 황산 또는 진한 염산으로 처리한 후 혼합물을 약 30분 동안 50℃까지 가열한다. 물을 가하여 혼합물을 묽히고(이때 혼합물 제조에 황산을 사용하였다면 열이 발생하므로 천천히 주의하여 물을 가한다), 30분~2시간 동안 환류시키면서 조심스럽게 가열한다. 혼합물을 냉각시킨 뒤 여과하여 결정을 분리하고, diehtyl ether로 액체를 추출하여 확인한다.

③ MBA 유도체 합성

- 작은 시험관에 37% formaldehyde 용액(formalin) 10mL와 물 한 방울, 0.5mL의 진한 황산, 나이트릴 0.002 mole(만일 분자량을 모르는 미지의 나이트릴인 경우는 0.2g)을 순서대로 넣는다. 이때 시험관에 온도계를 넣고(만일 필요하면 얼음물 속에서 냉각시킨다), 35℃ 이하로 유지하면서 젓는다.
- 혼합물을 실온에서 10분간 유지시킨다.
- 혼합물을 5mL의 냉수에 부으면 bis-amide의 고체가 생성된다. 이 고체를 여과하고 소량의 냉수로 반복해서 씻는다. 만일 결정이 생기지 않거나 시료 나이트릴의 냄새가 검출되면, 물에 붓기 전에 40~50℃에서 20분간 반응을 더 시켜라. 또한, 처음 반응 후 수용액에서 나이트릴이 검출되지 않으면서 결정이 생기지 않으면, sodium carbonate 1g을 가하고 흔든 후에 고체가 생길 때까지 냉각시킨다.
- 얻어진 고체를 95% ethanol로 재결정하라. 대부분의 나이트릴의 MBA 유도체의 녹는점이 매우 유사하므로 필요하다면 한 번 더 재결정한다. 그다음 건조시켜 녹는점을 측정하여 <표 3.1>과 비교한다.

11. 아마이드

1) 특성 시험

아마이드($RCONH_2$)기에 대한 정성 분석은 나이트릴에 대한 분석 방법과 같다.

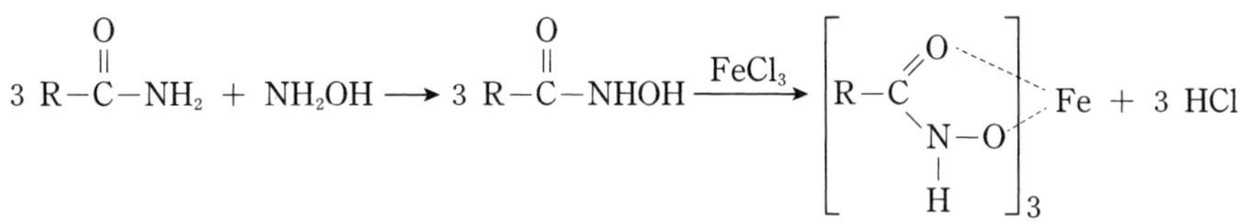

2) 유도체의 합성 시험

나이트릴과 같이 아마이드(amide)는 아민과 카복실산를 얻기 위해 가수분해(산성 또는 염기성에서)시키지 않으면 안 된다. 치환되지 않은 아마이드의 경우에는 ammonia가 유리되지만, 치환된 아마이드의 경우에는 치환된 아민을 얻게 되는데, 이러한 실험 결과는 산과 아민의 유도체를 합성하기 위해, 그리고 일차 또는 이차로 존재하는 아민을 구별하는 데 필요하다.

$$R-CONHR'_2 \xrightarrow[H_2OT]{H^+ \text{ or } OH^-} RCOOH + HNR'_2$$

$$(R' = \text{Alkyl, aryl, H})$$

① 염기성 가수분해

나이트릴의 가수분해 반응에서 설명한 과정과 같게 시행한다. 즉, 묽은 염산이 있는 용기 안에서 알칼리 용액으로부터 ammonia 또는 휘발성 아민을 증류한다. 이러한 산성 용액을 중화시킨 다음 Hinsberg 시험을 시행하고, 아민의 유도체를 만든다. 만일 아민이 휘발성이 아니면 diethyl ether를 사용하여 유기층으로부터 추출해도 무방하다.

아민을 얻기 위해 용액을 potassium hydroxide 알갱이를 사용하여 건조시키고, 증류하여 에테르를 제거한다. 아민을 얻은 후에 가수분해된 혼합물로부터 증류 혹은 추출에 따라 염기성 용액을 만든 다음 고체이면 여과, 액체이면 추출 방법으로 산을 분리해 내고, 녹는점 또는 끓는점을 조사한다.

② 산 가수분해

나이트릴에 대해 설명된 방법을 사용하여 가수분해를 시행한다. 이러한 경우에 자유 산(free acid)을 유리시키고, 에테르는 여과 또는 추출에 따라 제거한다.

산의 유도체를 합성한다. 산성의 가수분해 혼합물에서 알칼리성의 아민을 유리시킨다. 증류 혹은 추출에 따라 아민을 분리한 다음 Hinsberg 시험을 시행하여 특성을 조사한다.

12. 알데하이드 및 케톤

1) 2,4-Dinitrophenylhydrazine 시험

2,4-Dinitrophenylhydrazine은 알데하이드나 케톤 모두에 대해 양성 반응을 보인다. 알데하이드나 케톤과 이 시약이 반응하면 고체상의 상응하는 2,4-Dinitrophenylhydrazine을 생성하는데, 긴 사슬 지방족 케톤들 중 몇몇은 기름(oil) 상태로 얻어진다.

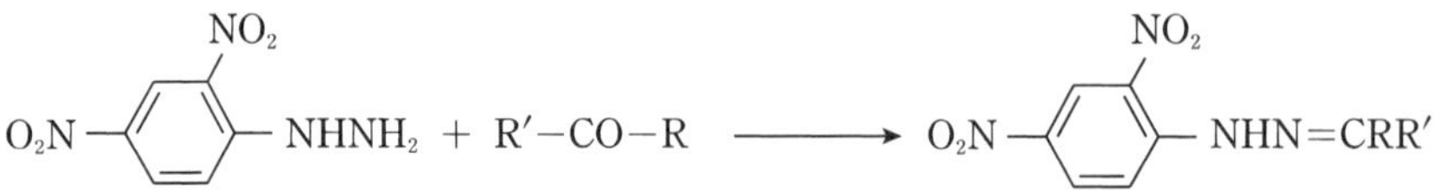

2) Chromic acid 시험

Acetone 용액에서 chromic acid는 알데하이드를 산으로 빠르게 산화시키지만, 케톤은 반응이 느리거나 일어나지 않는다(일차, 이차 알코올도 반응한다). 지방족 알데하이드는 방향족 알데하이드보다 반응이 다소 빠르며, 이 속도의 차이로 이를 구별할 수 있다.

3) Tollens 시험

알데하이드와 케톤을 구별하는 다른 방법(chromic anhydride 실험에 대한 대안)으로는 Tollens 실험이 있다. 미지의 유기 화합물이 Tollens 실험에서 양성 반응을 나타낸다면 그 화합물은 알데하이드기를 포함하고 있음을 의미하며, 케톤과는 반응을 일으키지 않는다. Tollens 시약은 ammonia 용액에서 silver ammonia 착물 $[Ag(NH_3)_2^+]$로 구성되며, 지방족 또는 방향족 알데하이드와 반응을 일으켜 이온 상태에서 silver 분자로 환원된다. 따라서 silver는 종종 시험관 벽에 은거울을 형성하기도 한다(은경 반응). 이러한 은거울이 형성되면 양성 반응으로 간주하며, 반응식은 다음과 같다.

$$RCHO + 2\ Ag(NH_3)_2 + 2\ OH^- \longrightarrow 2\ Ag + RCO_2NH_4^+ + H_2O + 3\ NH_3$$

알데하이드에 대한 간단한 실험으로는 산화제와 같이 cupric ion의 착염(특히 tartrate와 citrate)을 포함하는 Fehling 시약과 Benedict 시약을 사용하여 실시하는 실험이 있다. 이런 시약들을 사용하는 실험에서 나타나는 양성 반응은 알데하이드를 통해 Cu^{2+}이 Cu^+으로 환원될 때 cuprous oxide(Cu_2O)의 붉은색 침전이 생성됨으로써 확인된다. 이상과 같은 두 가지의 실험은 지방족 화합물이 매우 빠르게 반응을 일으키기 때문에 지방족 알데하이드와 방향족 알데하이드 사이를 구별하는 데 매우 유용하게 사용된다.

CHAPTER 04

유기 화학 실험

기초 유기화학실험 수강생 안전수칙 준수 서약서

1. 학기 개시 30일 이내에 연구실안전교육(온라인 6시간)을 이수하고, 이수증명서를 담당자에게 반드시 제출한다.

2. 실험실 내에서는 반드시 발등을 덮는 신발과 실험복을 착용해야 하며, 실험실에 구비된 보호 안경과 장갑을 착용해야 한다. 퇴실 시는 보호 안경과 장갑을 반드시 실험 담당자에게 반납한다. 실험실에는 일체의 음식물 반입 및 섭취를 금한다.

3. 실험 시작 전 주어진 주차 별 안전수칙을 반드시 숙지하고 실험에 임해야 하며, 이를 반드시 준수해야 한다.

4. 실험 중에는 실험 담당자의 지시에 따라 실험에만 집중하여 정확한 실험결과를 내도록 노력한다. 실험을 마친 후에는 비품이 정리 정돈과 실험실 청소를 모두 끝낸 후에 퇴실한다.

본인은 실험 담당자가 제시하는 모든 안전수칙을 준수할 것이며, 본인의 부주의나 안전수칙 미준수로 발생하는 사고에 대해서는 전적으로 본인이 책임을 지고 실험 담당자에게 일체 책임을 전가하지 않을 것을 서약합니다.

20 . . .

수강생 학과 : 학번 : 이름 : (서명)

제1절 재결정과 녹는점 측정(Recrystallization and Melting point)

실험 1 재결정

1. 실험 원리

재결정은 고체 시료를 정제하거나 분석용 시료를 제조하는 중요한 기술이다. 재결정은 혼합된 두 화합물(혹은 그 이상)의 용해도 차이를 이용하며, 적당한 재결정 용매는 재결정의 성공 여부를 결정하는 요인이 된다.

녹는점 측정 실험은 고체 시료의 물리적 성질이나 순도 확인을 위해 수행하는 첫 번째 방법이다. 녹는점은 고체 화합물의 중요한 물리적 성질이므로 보고서나 논문에는 항상 녹는점을 기록해야 한다.

일반적으로 고체의 용해도는 고온에서 크고 저온에서 작다. 따라서 고체에 함유된 불순물을 제거하려면, 고체를 고온에서 용해한 뒤 진한 용액으로 만들어 그것을 다시 냉각한다. 이러한 과정을 거치면 원래 고체에 함유되었던 불순물은 용액 중에 녹은 채로 남기 때문에 순수한 결정을 얻을 수 있다. 이런 과정을 재결정(recrystallization)이라고 한다.

화합물을 제조할 때는 상당량의 불순물이 부반응으로 생성될 수 있다. 어떤 불순물들은 출발물질과 함께 유입되거나 빠르게 반응을 유도하려고 의도적으로 첨가하기도 한다. 실험실에서 분리 및 정제를 요구하는 고체 화합물은 불순한 반응 생성물로서 용액 중에 남게 된다. 이때 이 용액을 증발시켜 혼합된 잔류물을 얻거나 간단히 침전시켜 얻을 수 있지만, 이 과정에서는 정제나 분별이 되지 않는다. 그러나 결정화나 재결정 등의 선택적인 과정을 통해 원하는 고체 물질을 얻을 수 있고 불순물은 모액에 포함되어 있게 된다.

결정화는 상대적인 용해도에 의존한다. 몇 가지 예외가 있지만 한 용매에서 화합물의 용해도는 온도에 따라 증가한다. 어떤 유기 용매에서 고체 유기 물질의 용해도는 고체 물질의 녹는점에 가까울 때 가장 빠르게 증가하고 유사한 성질의 용매에 잘 녹는다. 뜨거운 용매에서 적당한 용해도를 갖는 화합물은 냉각시켜 완전히 결정화할 수 있다. 그러나 상온이나 얼음 중탕 온도에서 용해도가 큰 화합물의 경우에는 용매를 증발시켜 어느 정도 제거한 후, 결정화시키려는 물질에 따라 용해도가 적은 제2의 용매를 가하여 결정을 얻어낼 수 있다. 보통 ethanol/H_2O, ether/hexane 혼합 용매가 이러한 목적에 자주 사용된다. 고체 유기물의 용해도는 용매나 용질의 상대적인 극성 또는 결정 격자 에너지의 함수이다. 재결정은 다음의 일곱 단계를 거쳐 수행한다.

• 재결정의 단계별 수행과정

① 좋은 재결정 용매를 선택한다.
② 최소량의 끓는 재결정 용매에 시료를 녹인다.
③ 녹지 않는 불순물을 뜨거운 상태에서 여과한다.
④ 서서히 냉각시켜 결정화를 유도한다.
⑤ 냉각시켜 생성된 결정을 여과한다.
⑥ 여과하여 얻은 결정을 소량의 찬 용매로 씻는다.
⑦ 씻어낸 용매를 건조시킨다.

$-OH$, $-NH_2$, $-CONH_2$와 같이 수소 결합을 할 수 있는 극성 작용기가 있는 화합물은 benzene이나 hexane과 같은 용매보다 물이나 알코올과 같은 극성 용매에 더 잘 녹는다. 즉, 극성 화합물은 극성 용매에서, 비극성 화합물은 비극성 용매에서 더 큰 용해도 값을 갖는다.

• 재결정 용매의 선택 기준

① 용매는 재결정 화합물과 반응하지 않아야 한다.
② 재결정하려는 화합물이 뜨거운 상태에서는 잘 녹고 찬 용액에서는 잘 녹지 않는 용매를 선택한다.
③ 불순물은 찬 용액에서 잘 녹거나 뜨거운 용액에서도 잘 녹지 않는 용매가 이상적이다.
④ 재결정 용매의 끓는점은 50~120℃ 범위가 좋다.
⑤ 용매의 끓는점은 재결정 시료의 녹는점보다 낮은 것이 좋다.
⑥ 여러 가지 용매를 사용할 수 있을 때는 독성이 적고 가격이 저렴한 용매를 선택하는 것이 좋다.

표 4.1 일반적인 용매의 특성

Solvent	Boiling Point, ℃	Density g/mL	Solubility in water
Acetic acid	118	1.05	∞
Acetone	57	0.79	∞
Acetonitrile	80	0.79	∞
Benzene	80	0.88	insoluble
Carbon disulfide	45	1.26	insoluble
Carbon tetrachloride	77	1.59	insoluble
Chloroform	61	1.49	insoluble
Cyclohexane	81	0.78	insoluble
Dichloromethane	41	1.34	insoluble
Dimethylformamide	153	0.94	∞
Dimethylsulfoxide	153	0.94	∞
Dioxane	101	1.03	∞
Ethanol	78	0.81	∞
Diethyl ether	35	0.71	7g/100mL
Ethyl acetate	77	0.90	8g/100mL
Hexane	68	0.66	insoluble
Ligroin	60-90	0.67	insoluble
Methanol	65	0.79	∞
Pentane	36	0.63	insoluble
Petroleum ether	30-60	0.64	insoluble
Tetrachloroethane	146	1.60	insoluble
Tetrahydrofuran	65	0.89	∞
Toluene	111	0.87	insoluble
Water	100	1.00	insoluble

실험 2

1. 실험 원리

고체의 녹는점(melting point, mp)은 1기압하에서 고체가 액체로 변화하기 시작하는 온도이다. 순수한 물질의 녹는점은 물질의 특성 중의 하나이며, 고체에서 액체로 변화하는 온도의 범위는 불과 0.5℃ 이내이므로 물질의 확인에 녹는점을 이용할 수 있다.

반면, 둘 또는“ 그 이상의 순수한 물질로 이루어진 혼합물이나 불순물이 섞여 있을 때, 상변화를 통해 관찰되는 온도 변화의 범위는 0.5℃보다 크며, 혼합물을 구성하고 있는 물질의 성질과 상대적인 조성비에 따른다. 즉, A 성분 10%, B 성분 90%로 된 혼합물의 녹는점은 A 성분 50%와 B 성분 50%로 된 혼합물과 다를 것이다. 더욱이 순수한 물질은 일반적으로 0.5~1℃의 좁은 녹는점 범위를 나타내지만, 혼합물의 녹는점 범위는 더욱 넓어진다.

또한, 두 물질로 된 혼합물은 그 혼합물을 구성하고 있는 순수한 성분의 녹는점보다 더 낮은 온도에서 녹을 것이다. 그러므로 물질을 확인하거나 순도를 확인하는 방법의 하나로서 물질의 녹는점을 측정하게 된다.

현재 여러 종류의 녹는점 측정기가 개발되어 있다. 가열판 위에서 시료의 녹는점을 측정하는 Fisher-Johns형 및 Nalge-Axelrod형 측정기가 있고, 모세관법을 이용한 Thomas-Hoover 녹는점 측정기, 전자식 녹는점 측정기 등이 있다. 이들은 기기마다 녹는점 측정 방식이 다르므로 같은 화합물이라고 하더라도 측정에 사용한 기기의 종류에 따라 녹는점에 차이가 있다. 따라서 논문이나 보고서에 녹는점을 표시할 때는 사용한 기기의 종류를 명시해야 한다.

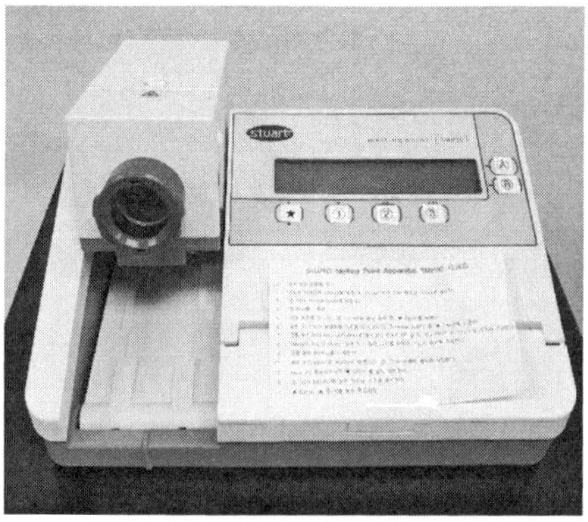

그림 4.1 녹는점 측정기(전자식)

연구 과정에서는 대부분 모세관법을 이용한 녹는점 측정기를 이용한다. 보통 학부 실험실에서 실습하기 위해 이용하는 녹는점 측정은 모세관(1×100mm)을 이용하여 측정하는 것이 많다. 한쪽 끝이 막힌 모세관에 잘 분쇄된 시료를 충분히 채우고 Thiele관이나 플라스크에 장치하여, 여기에 시료의 녹는점 이상으로 가열시킬 수 있는 매체를 넣어 분당 1℃ 정도씩 상승하도록 가열하여 측정한다. 만약 가열하는 속도가 지나치게 빠르면, 정확한 녹는점을 측정할 수 없게 된다. 이를 다르게 말하면, 대부분의 화합물의 녹는점은 시료의 가열 속도에 따라 다르게 측정될 수 있다는 말이다.

2. 기구 및 시약

- 아세트아닐리드(Acetanilide)
- 살리실산(Salicylic acid)
- 100mL 삼각 플라스크 3개
- 가열판(Hot plate)
- 온도계
- 저울
- 약숟가락(spatula)
- 눈금실린더
- 아스피레이터
- 뷰흐너 깔때기
- 감압 플라스크
- 여과지(Filter paper)
- 물, 얼음
- 녹는점 측정기

3. 실험 방법

- **Acetanilide와 salicylic acid 혼합물의 재결정에 의한 분리**

① Acetanilide-salicylic acid(85:15, w/w%) 혼합물 시료 3g을 각 1g씩 나누어 100mL 삼각 플라스크에 넣는다.

② 각 시료에 30mL의 물을 가하고 가열하여 녹인 뒤 A, B, C로 표시한다.

③ 세 시료 중 A 용액은 가끔 흔들어 주면서 천천히 상온으로 냉각시킨다.

④ B 용액은 수돗물을 이용하여 10~15℃까지 냉각시킨다.

⑤ C 용액은 얼음물을 이용하여 0~2℃까지 냉각시킨다.

⑥ 각 시료를 각각의 최종 온도에서 약 5분간씩 방치시킨 뒤, 생성된 결정을 여과하고 결정을 얻어낸 용액과 같은 온도의 물(약 15mL)로 씻어낸다.

⑦ 얻어진 결정을 공기 중에서 건조시킨다.

⑧ 각 시료의 녹는점을 측정한다.

결 과 보 고 서

제1절 재결정과 녹는점 측정

학부(과)		학 번		성 명	
실험일자		실험조		담당교수	

▶ Acetanilide와 salicylic acid 혼합물의 재결정에 의한 분리

1. 얻어진 결정을 완전히 건조시킨 후, 녹는점을 측정하여 빈칸에 기록하여라.

시료	녹는점(℃)
순수한 acetanilide	
순수한 salicylic acid	
Acetanilide-salicylic acid (85:15, w/w%)	
A 용액에서 얻은 시료	
B 용액에서 얻은 시료	
C 용액에서 얻은 시료	

2. 순수한 화합물의 녹는점을 문헌값과 비교하여라.

3. Acetanilide–salicylic acid(95:5, w/w%) 혼합물 시료를 이용하여 같은 방법을 통해 결괏값을 도출하여라.

제2절 얇은 막 크로마토그래피(Thin Layer Chromatography)

1. 실험 원리

얇은 막 크로마토그래피(thin layer chromatography, TLC) 방법은 유기 화학 실험에서 물질의 확인 및 분리를 위해 가장 보편적으로 사용되는 방법 중 하나이다. 때에 따라서는 반응의 진행 정도를 확인하는 데도 효과적으로 이용되며, 반응 중 TLC를 자세히 관찰하면 수행 중인 반응 메커니즘이나 중간체 생성을 쉽게 이해할 수도 있다. TLC는 소량인 물질의 존재를 알아낼 수 있는 간단하면서도 매우 효과적인 방법이다.

TLC는 액체상 크로마토그래피(liquid phase chromatography)의 일종이며, 미량의 시료를 손쉽고 빠르게 분리할 수 있는 분석 방법이다. TLC는 유리판이나 플라스틱판 같은 지지판에 실리카겔(silica gel)이나 알루미나와 같은 고체 흡착제의 얇은 막을 입혀서 사용한다. 분리 또는 정제하고자 하는 물질의 용액을 모세관에 묻혀서 TLC 판의 한쪽 끝 가까이에 점적한 후, 이 판을 전개 용매가 들어 있는 용기에 담근다. 적당한 전

Increasing polarity of functional group ↓

Highest/fastest(elute with monpolar mobile phase)
Alkane hydrocarbons
Alkyl halides(halocarbons)
Alkenes(olefins)
Dienes
Aromatic hydrocarbons
Ethers
Esters
Ketones
Aldehydes
Amines
Alcohols
Phenols
Carboxylic acids
Suofonic acids
Lowest/slowest(need polar mobile phase to elute)

그림 4.2 시료의 작용기에 따른 이동 거리

개 용매가 들어 있는 전개 용기에서 전개시키면 흡착제 막의 모세관 작용으로 시료가 각각 다른 위치로 이동되는데, 이 이동 위치는 흡착제와 시료 간의 상대적인 흡착력에 의존한다.

표 4.2 크로마토그래피 흡착제

Most Strongly Adsorbent	
Alumina	Al2O3
Charcoal	C
Florisil	MgO/SiO2 (anhydrous)
Silica gel	SiO2
Lime	CaO
Magnesia	MgO
Magnesium carbonate	MgCO3
Calcium phosphate	Ca3(PO4)2
Calcium carbonate	CaCO3
Potassium carbonate	K2CO3
Sodium carbonate	Na2CO3
Talc	MgO/SiO2 (anhydrous)
Sucrose	Carbohydrate (polyhydroxylic)
Starch	Carbohydrate (polyhydroxylic)
Least Strongly Adsorbent	

전개 후에 분리된 시료의 각 반점(spot)은 전개 용매가 올라간 거리와 시료 반점이 이동한 거리의 비인 R_f(ratio to the front)값으로 기록 및 비교한다.

$$Rf = \frac{\text{시료의 이동거리}}{\text{용매의 이동거리}}$$

만약, TLC 판 위에 전개된 각 시료의 성분들이 눈에 보이지 않는 무색의 물질이면, UV 램프를 이용하거나 발색제를 이용한 요오드 착색, anisaldehyde를 이용하는 방법이 있다.

TLC 위에는 자외선을 받아 형광빛을 내는 형광물질이 함유되어있다. TLC 판 위에 있는 유기 화합물이 자외선 광을 흡수하면, 형광물질이 형광을 내지 못하게 되어 시료가 있는 자리가 어두운 반점으로 보이게 된다. 자외선램프를 다룰 때는 광원을 직접 바

라보지 않도록 한다. 요오드 착색법은 대부분의 유기 화합물이 요오드 증기와 잘 흡착되는 성질을 이용한 것으로, 물질이 요오드와 흡착하여 갈색 점으로 보이게 된다. TLC용 황산 태움법(sulfuric acd charring)은 TLC 판을 anisaldehyde, 황산, acetic acid를 ethanol에 녹인 용액에 적신 후 100℃ 이상으로 가열하면 보통의 시료가 검게 나타나게 된다. 이러한 방법들을 이용하여 TLC 위의 성분을 확인할 수 있다.

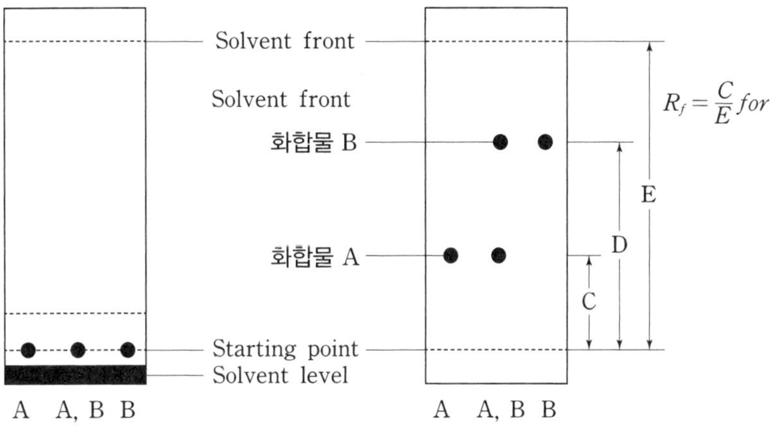

그림 4.3 TLC 판과 R_f값

> **발색시약의 종류**
>
> 1. 황산 발색시약: 10mL의 황산에 85mL의 물을 첨가한 후, 냉각시켜 5mL의 메탄올을 첨가한다.
> 2. Anisaldehyde-황산 발색시약: 1mL의 Anisaldehyde에 2mL의 진한 황산을 첨가한 후 100mL의 아세트산을 첨가한다.
> 3. Potassium permanganate 발색시약: 1.5g의 $KMnO_4$를 300mL의 물에 녹인 후, 10g의 K_2CO_3와 5% NaOH 용액 5mL를 첨가한다.

일반적으로 TLC의 이용은 대부분 분석을 목적으로 한다. 그러나 TLC는 혼합물의 분리에도 이용할 수 있다. 이러한 방법을 분리용 TLC라고 한다. 분석용 TLC나 분리용 TLC의 원리는 유사하다. 분석용 TLC에서의 흡착제 두께는 약 0.25mm 정도이지만, 분리용 TLC(prep-TLC)의 층 두께는 최소한 3mm 정도이다. 분리용 TLC에서는 보통 20×20cm 크기의 판을 사용하며, 시료 200mg 정도를 분리할 수 있다.

분리용 TLC 판에 연필로 연하게 선을 긋고 여기에 스포이트나 피펫을 이용하여 반복해서 시료를 점적한다. 이때 한 번 점적한 후에는 충분히 용매를 건조시킨 뒤에 다시 점적해야 하며, 가능한 한 넓게 퍼지지 않고 선의 폭이 고르게 점적해야 한다. 선의 폭이 고르지 않으면 좋은 결과를 얻을 수 없다. 선택된 전개 용매로 전개시킨 후에 각 성분의 띠를 확인하여 연필로 표시한다. 마지막으로 표시된 부분을 긁어내어 잘 녹는 용매로 추출한다.

복잡한 혼합물의 경우에는 단일 전개 용매나 한 가지 혼합 용매만으로 분리하기 어려운 경우가 있다. 이런 복잡한 혼합물 분리에는 이차원 TLC(2D-TLC)를 이용한다. 시료를 정사각형 TLC 판의 한쪽 구석에 점적하고 먼저 선택한 용매로 한 번 전개시킨다. 그다음 TLC 판을 꺼내 건조시키고 다시 다른 용매로 전개시킨다. 이때 두 번째 전개는 첫 번째 전개 방향에 대해 수직으로 전개시킨다. 이러한 2D-TLC는 구조적으로 유사한 혼합물의 분리에 유용하다. 특히 단백질 가수분해로 얻는 아미노산 혼합물들의 분리에 유용하다.

Increasing polarity ↓

Helium
Nitrogen
Pentanes(petroleum ether)
Hexanes
Cyclohexane
Carbon tetrachloride
Toluene
Chloroform
Dichloromethane
t-Butyl methyl ether
Diethyl ether
Ethyl acetate
Acetone
2-Propanol
Pyridine
Ethanol
Methanol
Water
Acetic acid

그림 4.4 크로마토그래피에 사용되는 전개 용매(이동상)

2. 기구 및 시약

- 분석 시료(Benzophenone, Acetophenone, Benzylamine, Benzamide, Vanillin, 3,4-dimethoxybenzaldehyde)
- TLC 판 18개
- 모세관
- 전개 용기(chamber)
- UV 램프
- 전개 용매
  - Ethyl acetate : Hexane = 1 : 2, 1 : 4, 1 : 6
  - Diethyl ether : Hexane = 1 : 2, 1 : 4, 1 : 6

3. 실험 방법

Benzophenone　Acetophenone　Benzylamine　Benzamide

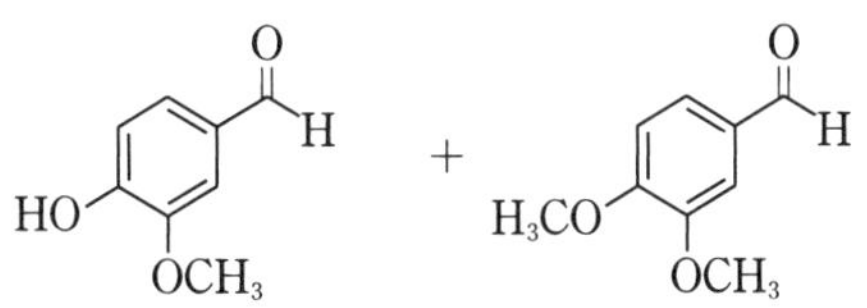

Vanillin　3,4−dimethoxybenzaldehyde

① 6가지의 화합물에 Chloroform을 적당량 가해 녹인 후 분석 시료를 준비한다.

② 전개 용기에 전개 용매를 0.5cm가량 채우고 마개를 덮어둔다.

③ TLC 판 하단 1cm 거리에 수평선을 긋고, 모세관을 이용하여 두 화합물을 각각 점적한다(이때 점적할 부분은 각각 3~5mm 이상 떨어지도록 하며, 모세관을 이용하여 점적할 자리에 가볍게 찍는다).

④ 점적한 부분을 아래로 향하게 하여 TLC 판을 전개 용기에 천천히 집어넣고 마개를 덮는다(이동상 용매의 높이는 점적한 부분보다 낮아야 한다).

⑤ 전개 용매가 TLC 판 위쪽 끝에서 5mm 정도까지 전개되었을 때, TLC 판을 꺼내

용매가 전개된 부분을 표시한다.

⑥ TLC 판을 UV 램프로 관찰한 후 전개점을 표시하고, 각 화합물의 R_f값을 계산한다(여러 전개 용매를 사용하여 이동상의 조성에 따른 R_f값을 구한다).

결과보고서

제2절 얇은 막 크로마토그래피

학부(과)		학 번		성 명	
실험일자		실험조		담당교수	

▶ 얇은 막 크로마토그래피(Thin Layer Chromatography)

1. 아래의 빈칸을 채우고, 각 TLC 판의 사진이나 그림을 첨부하여라.

- 분석 시료: Benzophenone, Acetophenone

전개 용매	Ethyl acetate : Hexane =1 : 2		Ethyl acetate : Hexane =1 : 4		Ethyl acetate : Hexane =1 : 6	
분석 시료	Benzophenone	Acetophenone	Benzophenone	Acetophenone	Benzophenone	Acetophenone
용매의 이동 거리						
시료의 이동 거리						
R_f						

전개 용매	Diethyl Ether : Hexane =1 : 2		Diethyl Ether : Hexane =1 : 4		Diethyl Ether : Hexane =1 : 6	
분석 시료	Benzophenone	Acetophenone	Benzophenone	Acetophenone	Benzophenone	Acetophenone
용매의 이동 거리						
시료의 이동 거리						
R_f						

- 분석 시료: Benzylamine, Benzamide

전개 용매	Ethyl acetate : Hexane =1:2		Ethyl acetate : Hexane =1:4		Ethyl acetate : Hexane =1:6	
분석 시료	Benzylamine	Benzamide	Benzylamine	Benzamide	Benzylamine	Benzamide
용매의 이동 거리						
시료의 이동 거리						
R_f						

전개 용매	Diethyl Ether : Hexane =1:2		Diethyl Ether : Hexane =1:4		Diethyl Ether : Hexane =1:6	
분석 시료	Benzylamine	Benzamide	Benzylamine	Benzamide	Benzylamine	Benzamide
용매의 이동 거리						
시료의 이동 거리						
R_f						

- 분석 시료: Vanilin, 3,4-dimethoxybenzaldehyde

전개 용매	Ethyl acetate : Hexane =1:2		Ethyl acetate : Hexane =1:4		Ethyl acetate : Hexane =1:6	
분석 시료	Vanillin	3,4-dimeth-oxy-benzalde-hyde	Vanillin	3,4-dimeth-oxy-benzalde-hyde	Vanillin	3,4-dimeth-oxy-benzalde-hyde
용매의 이동 거리						
시료의 이동 거리						
R_f						

전개 용매	Diethyl Ether : Hexane =1 : 2		Diethyl Ether : Hexane =1 : 4		Diethyl Ether : Hexane =1 : 6	
분석 시료	Vanillin	3,4-dimeth-oxy-benzalde-hyde	Vanillin	3,4-dimeth-oxy-benzalde-hyde	Vanillin	3,4-dimeth-oxy-benzalde-hyde
용매의 이동 거리						
시료의 이동 거리						
R_f						

2. 이동상 용매 중 Ethyl acetate의 용량비가 Hexane과 비교하여 증가했을 때, R_f값은 어떻게 변화하며 그 이유는 무엇인지 구하여라.

3. TLC 전개 시 전개 용매가 TLC 판의 위쪽 끝까지 도달하고 일정 시간이 지났을 때, R_f값은 어떻게 변화하는지 구하여라.

4. TLC 전개 시 전개 용기의 뚜껑을 닫지 않았을 때, Rf값은 어떻게 변화하는지 구하여라.

제3절 관 크로마토그래피(Column Chromatography)

1. 실험 원리

유기 화합물의 용액에 실리카겔을 섞으면, 표면에 유기 화합물이 흡착될 것이다. 이것은 실리카겔과 물질 사이의 인력 때문이며, 유기 화합물의 분자적 특성에 따라 그 크기는 다를 것이다.

만약, 비극성 분자이면 단지 van der Waals 힘에 따라 흡착될 것이고, 분자량이 매우 크지 않는 한 그 힘은 매우 약하기 때문에 강하게 흡착되지 못할 것이다. 반면, 극성 분자는 쌍극자 간의 인력이나 그보다 강한 결합을 할 수 있으므로 강하게 결합할 것이다. 같은 원리로 비극성 용매는 흡착된 극성의 화합물을 잘 떼어내지 못한다. 예를 들어, 흡착된 케톤은 hexane으로는 떼어내지 못하지만, chloroform으로는 떼어낼 수 있다. 흡착된 물질의 분포는 흡착제와 용매에 대해 평형을 이루며, 흡착제에 흡착된 물질의 양은 화합물의 특성과 사용되는 용매에 따라 달라진다.

이러한 원리를 이용하여 여러 물질이 섞인 시료를 분리하는 방법이 크로마토그래피이며, 보통 관을 주로 사용한다. 여기에 사용되는 고체 흡착제를 고정상이라 하고, 화합물을 용해시켜 관 밖으로 밀어내는 용매를 이동상이라 한다. 이 두 가지 상을 달리함에 따라 여러 분리 방법이 가능하다.

- 관 크로마토그래피는 소량의 고체나 액체의 분리 및 정제에 가장 유용하게 사용되는 방법이다.
- 정제할 물질의 양이 많으면, 비용과 시간도 많이 소모된다.
- 유기 실험에서 관 크로마토그래피는 화학반응에서 반응이 완전히 이루어지지 않았을 때, 반응물을 출발물질과 반응 시약, 부반응물로부터 분리하는 데 이용한다.
- 관 크로마토그래피의 원리는 얇은 막 크로마토그래피와 같으며, 가장 보편적으로 사용되는 흡착제 또한 실리카겔, 알루미나로 같다.
- 관 크로마토그래피에 사용되는 실리카겔이나 알루미나의 양은 일반적으로 시료의 약 30배이며 충전된 칼럼의 높이는 지금의 10배 이상이어야 한다.
- **흡착제(고정상)**

  관 크로마토그래피에서 가장 보편적으로 사용되는 흡착제는 실리카겔과 알루미나가 있다. 실리카겔은 일반적으로 많이 사용되며, 입자가 작을수록 분해능 또한 높아진다. 알루미나는 산성, 중성, 염기성의 세 가지 형태가 있으며 수분의 함유량에 따라 I~V까지의 활성으로 표시된다.

• **전개 용매(이동상)**

일반적으로 미지시료의 혼합물을 분리할 때는 가장 극성이 낮은 용매부터 이용하고, 점차 극성이 높은 용매로 점진적으로 혼합하여 용출시킨다.

2. 기구 및 시약

• 실리카겔 20g
• 칼럼(관)
• Nicotine & vanillin 혼합시료 0.5g
• TLC 판
• 모세관
• 전개 용기(chamber)
• UV 램프
• 전개 용매 및 이동상(Ethyl acetate : Hexane = 1 : 2)
• 시험관
• 시험관대

3. 실험 방법

① 여러 개의 시험관을 준비하여 시험관대에 꽂고 번호를 표시한다(시험관 대신 삼각 플라스크를 사용해도 된다).

② 이동상(Ethyl acetate : Hexane = 1 : 2) 용액 150mL를 준비한다.

③ 실리카겔 20g을 취하여 250mL 비커에 넣고, 이동상 70mL를 비커에 넣어 실리카겔과 잘 혼합하여 공기 방울을 제거한다.

④ 칼럼관 끝에 탈지면 소량을 넣고, sea sand를 0.5cm 높이로 넣는다.

⑤ ③에서 혼합한 실리카겔을 칼럼에 부은 뒤 packing 한 후, sea sand를 약 0.5cm 높이로 넣고 용액이 sea sand 높이까지 오도록 용출시킨다.

⑥ 0.5g의 혼합시료(Nicotine & vanillin)를 소량의 Chloroform에 녹인 후 피펫을 이용하여 조심스럽게 칼럼에 넣는다.

⑦ 칼럼의 코크를 열어 시료 용액이 sea sand 높이까지 오도록 흘러내린 후, 이동상 용액을 조심스럽게 칼럼에 넣는다.

⑧ 이동상을 흘려보내며 두 화합물을 분리하도록 하며, 이때 TLC로 확인한다(TLC로 확인하며 칼럼의 진행 정도를 판단한다. 그 후 전개 용매를 바꾸면서 실험을 진행한다).

⑨ 분리하여 얻어진 화합물의 양을 측정한다.

⑩ 얻어진 각 화합물은 TLC 및 NMR로 확인한다.

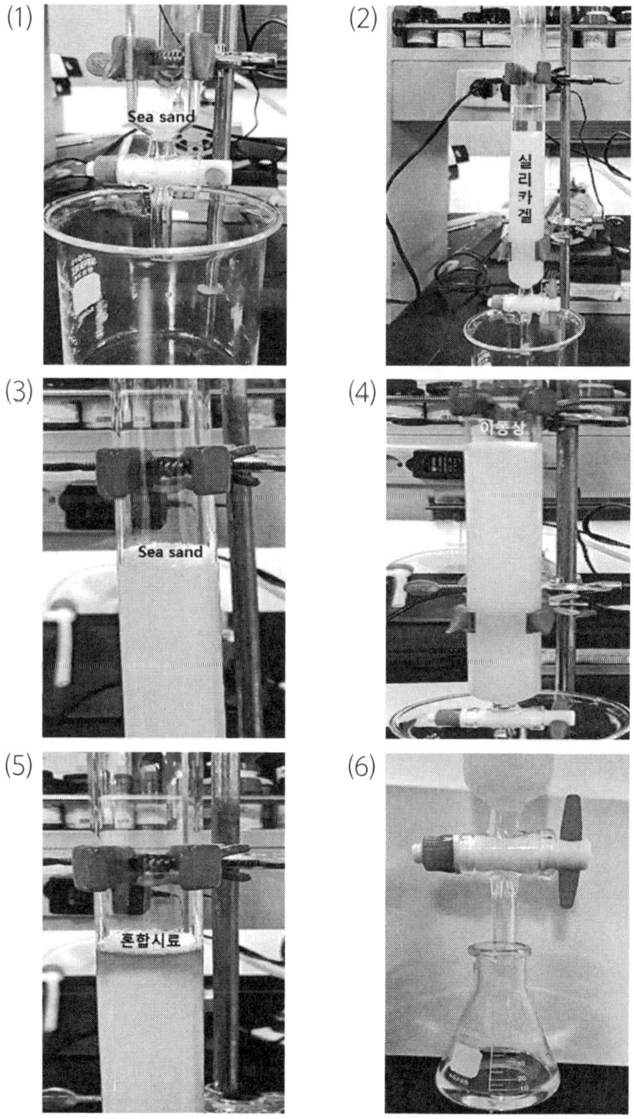

그림 4.5 관 크로마토그래피 실험 과정

결 과 보 고 서

제3절 관 크로마토그래피

학부(과)		학 번		성 명	
실험일자		실험조		담당교수	

▶ 관 크로마토그래피(Column Chromatography)

1. 관 크로마토그래피를 통해 얻은 화합물의 수득률을 구하여라.

2. 관 크로마토그래피 진행 중 Ethyl acetate : Hexane 전개 용매의 비를 달리하는 이유는 무엇인지 구하여라.

3. 전개 용매의 조성을 바꿀 때, 급격하게 바꾸면 어떤 현상이 일어나는지 구하여라.

4. 두 물질을 관 크로마토그래피로 분리할 때, TLC가 선행되어야 하는 이유는 무엇인지 구하여라.

제4절 증류; 액체-액체 혼합물 간의 분리(Purification by Distillation)

1. 실험 원리

실험실에서 사용하려는 시약이나 용액 등은 일차적으로 원하는 순도를 가져야 한다. 따라서 시약을 사용하기 전에 적절한 방법을 선택하여 이들을 정제하는 방법을 익히는 것이 무엇보다 중요하다. 물질의 순도는 녹는점, 밀도, 일정한 온도 및 파장에서의 굴절률, 흡수 스펙트럼과 같은 물리적 성질을 측정하거나 탄소, 수소, 질소 등의 원소 분석을 통해 측정할 수 있다. 그러나 물질의 순도를 결정하기 전에 먼저 정제가 이루어져야 하며, 일반적으로 이용되는 정제법은 증류법, 재결정법, 추출법, 크로마토그래피 등이 있다.

증류(distillation)는 액체를 기화시켜서 원하는 물질의 기체를 응축시켜 보다 순수한 액체를 얻는 과정이며, 증류에서는 잔류물보다 증류액이 더 중요한 요인이다. 또한, 증발(evaporation)은 잔류물이 더 중요한 경우에 쓰는 말이며, 환류(reflux)는 기화된 화합물이 냉각관에서 응축되어 끓고 있는 플라스크로 되돌아가는 경우를 말한다. 이러한 환류는 용매 속에서 가열 반응하는 경우에 보편적으로 이용하는 기술이다.

유기 화학 실험에서 주로 이용하는 증류법에는 단순 증류(simple distillation), 분별 증류(fractional distillation), 진공 증류(vacuum distillation), 증기 증류(steam distillation) 등이 있다.

• 분별 증류

분별 증류라고 하는 휘발성 액체의 분리는 총괄성의 또 다른 실제적 응용이다. 본질적으로 휘발성 액체들의 혼합물을 끓인 후 그 증기들을 응축한다. 라울의 법칙에 따르면 액체 혼합물의 끓는 과정에서 휘발성이 큰 성분이 더 큰 증기 압력을 가지기 때문에 액체와 평형을 이루고 있는 증기에는 그 성분비가 액체에서보다 더 커지게 된다. 따라서 응축된 증기에도 그 성분이 더 늘어나게 되어 부분 정제가 일어나는 것이다.

예를 들어, 물과 알코올 1 : 1 혼합물이 있을 때 알코올이 물보다 낮은 온도에서 끓는다면 임의의 온도에서 알코올이 물보다 더 잘 증발하게 될 것이다. 따라서 혼합물로부터 증발된 증기에는 알코올의 성분비가 액체에서보다 증가하게 된다. 만약 이 증기들을 모아 액체로 만들고, 그 액체에서 증발하는 기체들을 다시 모아 액체로 만드는 작업을 반복하면 휘발성이 더 큰 액체만을 얻을 수 있을 것이다.

• 감압 증류

감압 증류는 끓는점이 비교적 높은 액체 혼합물을 분리하기 위해 액체에 작용하는 압력을 감소시켜 증류 속도를 빠르게 하는 방법이다. 감압 장치로는 아스피레이터나 진공 펌프를 이용하는데, 아스피레이터를 이용하면 약 20mmHg까지는 감압할 수 있고, 더 낮은 압력이 필요할 때는 진공 펌프를 이용한다. 물질의 증기압은 온도의 함수이며, 증류 장치 내의 압력이 낮으면 낮을수록 끓는점도 낮아진다.

• 증기 증류

증기 증류는 온도가 높은 수증기를 액체 혼합물이 있는 플라스크에 불어 넣어서 수증기와 함께 기화된 액체 성분을 분리하는 증류 방법이다.

• 단순 증류

단순 증류는 끓는점의 차이가 큰 액체 혼합물을 분리하는 가장 간단한 분리 방법으로, 플라스크에서 기화된 액체를 냉각기에서 액화시켜 분리하는 방법이고, 주로 단순하고 간단한 혼합물을 분리하는 데 많이 사용된다.

2. 기구 및 시약

- 증류 장치 1세트
- 100mL 둥근 바닥 플라스크 2개
- 온도계
- 눈금 실린더
- 가열판(Hot plate)
- 스탠드
- 클램프 2개
- 물중탕 수조
- 얼음 수조
- 얼음
- 혼합 용액(H_2O & Methanol, H_2O & Ethylene Glycol)

3. 실험 방법

• 분별 증류

① <그림 4.6>과 같이 분별 증류 장치를 설치한다.

② H_2O, Methanol, Ethylene Glycol 세 용액을 이용하여, H_2O & Methanol, H_2O & Ethylene Glycol 혼합 용액을 만든 뒤, 100mL 플라스크에 30~40mL의 용액을 넣는다(두 용액의 함량비는 조절하고, 액체 혼합물의 양이 플라스크 용량의 1/2 미만이 되도록 한다).

③ 이후 온도를 올려 초당 한 방울씩 증류 속도로 증류액을 받는다.

④ 증류가 시작되는 온도와 증류가 끝나는 온도를 작성하고 용액의 함량비를 찾는다.

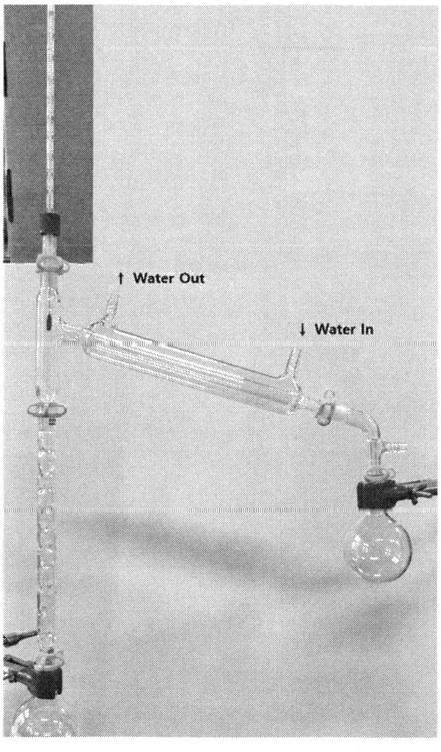

그림 4.6 분별 증류 장치

결과보고서

제4절 증류; 액체-액체 혼합물 간의 분리

학부(과)		학 번		성 명	
실험일자		실험조		담당교수	

▶ 분별 증류

1. H_2O와 Methanol의 증류 과정에서 다음에 대해 기록하여라.

- H_2O의 부피(mL)
- Methanol의 부피(mL)
- 혼합물의 부피(mL)
- 처음 액체가 얻어진 온도(℃)
- 증류하는 동안 일정해진 온도(℃)
- 일정한 온도 구간에서 얻어진 부피(mL)
- H_2O의 끓는점(℃)
- Methanol의 끓는점(℃)

2. Methanol과 Ethylene Glycol의 증류 과정에서 다음에 대해 기록하여라.

- Methanol의 부피(mL)
- Ethylene Glycol의 부피(mL)
- 혼합물의 부피(mL)
- 처음 액체가 얻어진 온도(℃)
- 증류하는 동안 일정해진 온도(℃)
- 일정한 온도 구간에서 얻어진 부피(mL)
- Methanol의 끓는점(℃)
- Ethylene Glycol의 끓는점(℃)

3. <그림 4.6> 분별 장치 설치 과정에서 온도계가 증류 연결관에서 너무 높은 위치에 있게 되면 증류 실험에 어떤 영향을 미치는지 설명하시오.

4. 증류를 너무 빠르게 진행할 경우 실험에는 어떤 영향을 미치는지 설명하시오.

제5절 추출; 극성차이를 이용한 혼합물의 분리(Extraction)

1. 실험 원리

추출(extraction)이란 혼합물로부터 어떠한 물질을 용매로 용해시켜 분리하는 방법이다. 즉, 용매에 따라 서로 다른 화합물의 용해도가 큰 차이를 보일 때 사용되는 분리 방법이며, 분리하기 전의 혼합물은 액체 또는 고체일 수 있다.

일반적으로 물질들은 여러 용매에서 용해도가 서로 다른 경우가 많다. 이러한 특징은 각 성분을 혼합물로부터 분리할 수 있는 근거를 마련하게 된다. 용매추출은 이와 같은 성질을 이용하여 혼합물로부터 각 성분을 분리하는 방법 중 하나로, 특히 유기 실험에서 반응 후에 생성된 혼합물을 분리하는 데 자주 이용된다.

다음은 유기 실험에서 반응 전후에 접하게 되는 특정 성분들을 추출하는 방법과 추출할 때, 발생하는 몇 가지 문제점의 해결요령을 간단히 설명하고자 한다.

- **산성 물질의 추출**

혼합 유기용액에 염기성 수용액을 넣고 잘 흔들면 산성 물질은 즉시 염으로 변환되어 물에 녹게 된다. 이것은 산성 물질의 염이 유기 용매에서보다는 수용액에서 더 잘 녹기 때문이다. 유기 용매에 녹아 있는 산성 물질을 추출할 수 있는 능력은 추출하는 수용액의 염기도에 의존한다. 즉, 수용액은 산성 물질을 완전히 염으로 변환시킬 정도로 충분히 염기성이어야 효과적으로 잘 추출된다.

- **염기성 물질의 추출**

산성 물질의 추출과 같은 원리로, 추출하고자 하는 염기성 물질을 완전히 염으로 변환시킬 수 있는 충분한 산성도를 갖는 산성 수용액을 사용하면 된다.

유기산이 수용액에서보다 유기 용매에서 더 잘 녹는다면, 그 유기산의 염기성 염 용액(유기산의 염)을 염산, 황산 등으로 산성화하여 유리된 유기산을 수용액으로부터 유기 용매로 추출하면 된다.

물론 유기산이 물에 잘 녹지 않는다면, 유기 용매로 추출하기 전에 용액으로부터 액체로 분리되거나 침전이 생성될 수 있다. 비슷한 원리로 염기성 물질의 산성 수용액(염기성 물질의 염)으로부터 염기성 물질을 얻어내기 위해서는 NaOH, Na_2CO_3 등으로 액성을 염기성으로 바꾼 다음, 유기 용매로 추출하여 유기용액을 농축하면 염기성 물질을 손쉽게 얻을 수 있다.

• **추출방법 및 문제해결**

추출은 주로 분별 깔때기(separatory funnel)를 사용하게 된다. ring clamp에 분별 깔때기를 올려놓고 추출할 용액을 붓는다. 그다음 미리 준비한 산성 혹은 염기성 수용액을 추출용액이 담긴 분별 깔때기에 붓는데, 이때 전체 분별 깔때기 높이의 3/4이 넘지 않도록 주의해야 한다.

유기 용매가 흘러나오지 않도록 물로 살짝 적신 위쪽 마개(stopper)를 잘 닫고, 골고루 혼합되도록 잘 흔들어 준다. 충분히 흔들어 혼합된 용액은 ring strand에 고정하고 층 분리가 일어날 때까지 기다린다. 완전한 층의 분리가 일어나면 위쪽의 마개를 열고, 잠금 꼭지를 조절하여 아래쪽 용액을 준비한 beaker에 천천히 따른다.

분별 깔때기 사용법 및 주의점

분별 깔때기는 추출에 사용하는 기구 중 하나이다. 분별 깔때기를 잘못 사용하면 폭발하기도 하며, 추출하기 위해 용매를 가했을 때 열이 발생하면 더욱 조심해야 한다. 이때는 열을 냉각시킨 후 마개를 막아 오른손으로 잡고 왼손으로 아래에 있는 마개를 잡아 먼저 거꾸로 세우고, 코크를 열어 압력을 상압으로 하여 다시 마개를 막고 몇 번 흔든 후 다시 마개를 열어 준다. 이와 같은 과정을 3~4회 반복하고 바로 세워 마개를 열고 분리한다. 수용액에서 추출할 경우 유기 용매에는 항상 수분이 있으므로 미리 건조제로 건조해 주어야 한다.

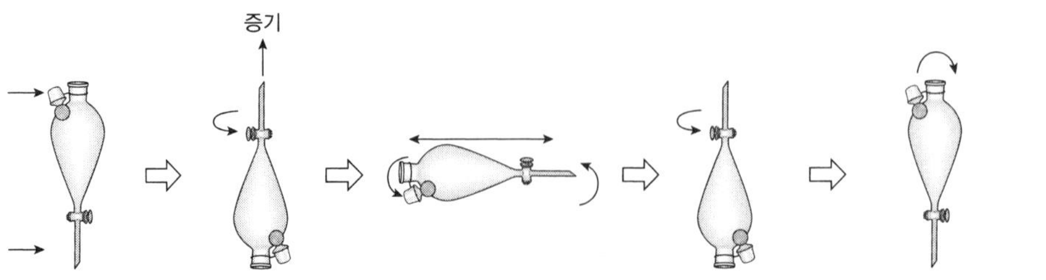

오른쪽으로 상단부 마개를 잡고 왼손을 이용하여 하단부 코크를 잡는다.	깔때기를 거꾸로 세우고 천천히 코크를 열어 증기를 빼고 다시 잠근다.	옆으로 눕히고 상하 좌우로 잘 흔들어 섞는다.	깔때기를 거꾸로 세우고 천천히 코크를 열어 증기를 빼고 다시 잠근다.	상단부 마개를 열고 방치하였다 분리한다.

단순 추출의 목적은 서로 섞이지 않는 두 용매 사이에서 한 개 이상의 물질을 한 용매 쪽으로 보내는 것(분배, partitioning)이다. 물에 잘 녹지 않는 유기 용질은 유기 용질을 잘 녹이면서도 물과 섞이지 않는 유기 용매를 사용하여 유기 용매 층으로 추출할 수 있다. 벤젠이나 헥세인처럼 물보다 밀도가 낮은 유기 용매는 물보다 위에 층을 이루게 되고, 메틸렌 클로라이드나 클로로폼과 같이 밀도가 큰 유기 용매는 물보다 아래에 층을 이룬다. 물과 유기 용매가 담긴 분별 깔때기를 잘 흔들어 주면 용질이 두 용매 층 사이에서 평행을 이루게 되고, 이때 두 층에서의 용질의 농도비를 분배 계수라고 부른다.

$$K(\text{분배계수}) = \frac{\text{용매 }A\text{에서의 용해도}}{\text{용매 }B\text{에서의 용해도}}$$

분배 계수가 1보다 큰 경우에는 같은 부피의 용매 A와 B를 사용할 때 처음 B에 녹아 있던 용질의 절반 이상이 용매 A로 옮겨가게 되고, 용내 A를 분리해서 적당한 방법으로 용매를 제거하면 순수한 용질을 얻을 수 있게 된다. 이런 추출방법은 여러 차례 반복해서 적용하면 용질을 상당히 순수한 상태로 얻을 수 있다.

2. 기구 및 시약

- Benzoic acid 0.3g
- Aniline 0.4g
- Benzophenone 0.3g
- Diethyl Ether 90mL
- sat. $NaHCO_3$ solution 70mL
- 3M HCl solution 50mL
- 삼각 플라스크 3개
- 분별 깔때기
- 깔때기
- TLC 판 5개
- 모세관
- 전개 용기
- UV 램프

3. 실험 방법

• 혼합물의 분리

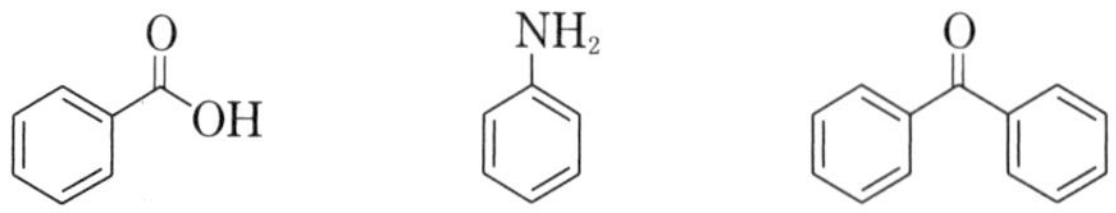

Benzoic acid　　Aniline　　Benzophenone

① 0.3g의 Benzoic acid, 0.4g의 Aniline, 0.3g의 Benzophenone을 Diethyl Ether 30mL와 함께 100mL 삼각 플라스크에 넣는다. 이때 혼합시료의 TLC를 미리 4~5개 정도 찍어 놓는다.

② 포화 탄산수소나트륨 용액(sat. NaHCO3) 50mL를 ①의 삼각 플라스크에 넣는다.

③ 삼각 플라스크의 용액을 깔때기를 사용하여 분별 깔때기에 옮긴 후, 깔때기를 양손으로 잡고 2~3회 세게 흔든 뒤에 마개를 열어 기체를 빼준다. 마개를 열었을 때 소리가 나지 않을 때까지 기체를 빼준다.

④ 유기층과 수층(A 플라스크)을 따로 받아둔다. 유기층에 대해서는 ①에서 찍어둔 TLC를 이용해 사라진 화합물을 확인한다.

⑤ 유기층을 삼각 플라스크에 받아낸 후 3M HCl solution 30mL를 가한다.

⑥ 깔때기를 사용하여 분별 깔때기로 옮긴 후 유기층을 받아내고 TLC를 확인한다. 수층은 따로 받아둔다(B 플라스크).

⑦ A 플라스크에 30mL의 Diethyl Ether와 20mL의 3M HCl solution을 넣고 분별 깔때기로 옮긴 후 유기층을 받는다. 이때 유기층은 TLC를 확인한다.

⑧ B 플라스크에 30mL의 Diethyl Ether와 20mL sat. NaHCO3 solution을 넣고 분별 깔때기로 옮긴 후 유기층을 받는다. 이때 유기층은 TLC를 확인한다.

결과보고서

제5절 추출; 극성차이를 이용한 혼합물의 분리

학부(과)		학 번		성 명	
실험일자		실험조		담당교수	

▶ 혼합물의 분리

1. 실험을 수행하면서 다음에 대해 빈칸에 기록하여라.

시약	Benzoic acid	Aniline	Benzophenone
분자식			
구조식			
분자량			
녹는점(℃)			
끓는점(℃)			
밀도(g/mL)			
사용량(g)			

몰(mmol)			

2. 실험 방법에 따라 실험을 수행하면서 다음의 도표에 빈칸을 채워 보아라.

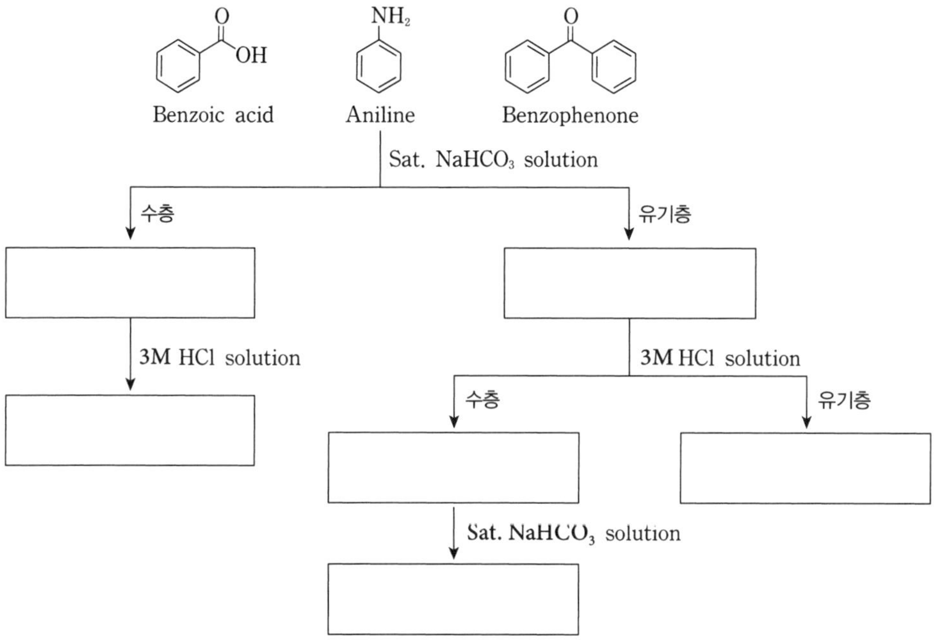

제6절 알케인의 친핵성 치환 반응

1. 실험 원리

알킬 할로젠화물(R-X, X = Cl, Br, I, F)은 유기 합성에서 중심적인 역할을 하는 화합물이며, 친핵성 치환 반응(nucleophilic substitution) 및 제거 반응(elimination)을 통해 다양한 화합물로 변환할 수 있다. 친핵성 치환 반응은 반응 속도 결정 단계에서 일분자가 관여하는 S_N1(monomolecular nucleophilic substitution) 반응과 S_N2(bimolecular nucleophilic substitution) 반응이 있으며, 이런 치환 반응은 치환 반응 메커니즘과 유사한 경로로 진행되는 *E1*(monomolecular elimination) 또는 *E2*(bimolecular elimination) 제거 반응과 경쟁적이다.

S_N1 메커니즘

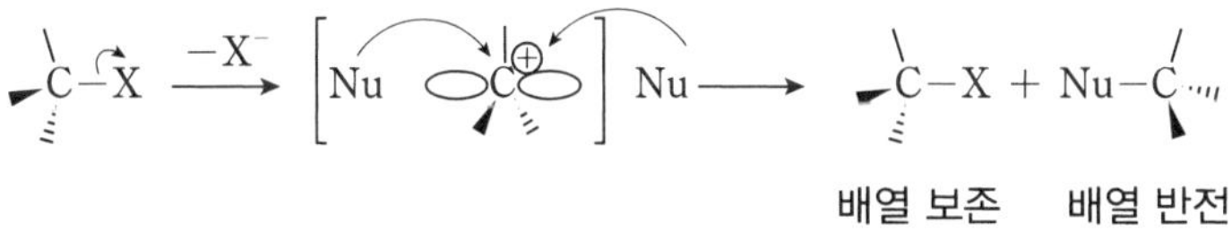

S_N2 메커니즘

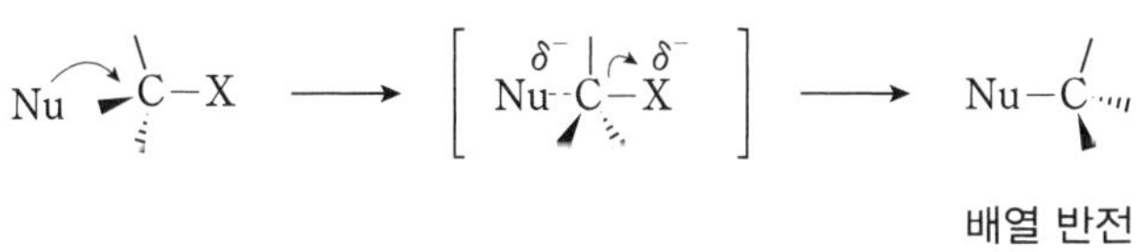

S_N1 반응은 먼저 이탈기인 X가 떨어져 나가면서 탄소양이온(carbocation)이 형성된다. 이 탄소양이온은 탄소의 오비탈이 sp^2 혼성을 띠고 있어 탄소와 결합된 3개 원자는 하나의 평면에 존재한다. 따라서 두 번째 단계에서 친핵체는 오른쪽 또는 왼쪽으로 공격해 들어갈 수 있으며, 탄소의 배열이 절반은 retention 되고 절반은 inversion 된 혼합 생성물이 얻어진다. 만일 출발 물질이 카이랄성 물질이라면 라세미 혼합물이 생성된다. 즉, S_N1 반응은 2단계 반응이며, 반응 속도는 생성되는 탄소양이온의 안정도에 크게 의존한다.

S_N2 반응은 이탈기가 결합된 탄소를 친핵체가 반대쪽에서 공격해야 하므로 공격받

는 탄소 주변이 구조적으로 단순한 것이 유리하며, 이 반응은 첫 번째 단계의 반응이다. 또 친핵체가 이탈기의 반대편에서 도입되므로 반응자리 탄소의 입체 배열이 완전히 반전되는 특성을 나타낸다.

이 두 치환 반응은 할로알케인의 구조, 반응 용매, 이탈기·친핵체의 종류 및 크기 등에 영향을 받는다. S_N1 반응에서는 반응 용매가 생성되는 탄소양이온을 얼마나 안정화하는가에 달려 있고, S_N2 반응에서는 용매와 친핵체 간의 상호작용이 반응 속도에 영향을 미친다. 이들 반응에 영향을 미치는 종류와 결과를 간단히 도표로 정리하였다.

표 4.3 S_N1 및 S_N2 반응의 요약

반응	S_N1	S_N2
할로알케인 구조	vinyl < Methyl < 1° < 2° << 3° - 속도는 이온화 단계에서 형성된 탄소 양이온의 안정도에 의해 결정된다. - 삼차 할로젠화 알킬은 S_N1 메커니즘에 의해서만 반응하며, 절대 S_N2 메커니즘으로 반응하지 않는다.	vinyl > Methyl > 1° > 2° >> 3° - 속도는 입체 효과(전이 상태에서 붐빔)에 의해 결정된다. - 메틸과 일차 할로젠화 알킬은 S_N2 메커니즘에 의해서만 반응하며, 절대 S_N1 메커니즘으로 반응하지 않는다.
친핵체 구조	영향 없음	크기 및 친핵성도에 따라 영향을 받음
반응 속도식	R = k[RX]	R = k[RX][Nu]
분자성	일분자	이분자
메커니즘	2단계 반응 - 할로젠화 알킬의 이온화(1단계)가 속도 결정 단계이다.	1단계 반응 - 친핵체는 이탈기를 치환한다. 즉, 공격해 들어오는 친핵체와의 결합과 이탈기와 결합의 깨어짐이 동반된다.
자리옮김 반응	탄소양이온 중간체의 자리옮김	관찰되지 않음
입체화학	- 이탈기가 카이랄성 중심에 결합될 때는 라세미화가 반전을 동반한다.	- 반응 부위에서 100% 배열의 반전. 친핵체는 이탈기가 결합된 결합의 반대쪽으로부터 탄소를 공격한다.
이탈기 영향	$H_2O < Cl^- < Br^- < I^- \approx TosO^-$	$NH_2^-, OH^-, RO^- < Cl^- < Br^- < I^- \approx TosO^-$
용매 영향	- 전이 상태 안정화에 기인하여 영향을 받는다. - 용매의 극성이 증가하면 속도가 증가한다.	- 친핵체의 안정화에 기인하여 영향을 받는다. - 극성 비양성자성 용매는 치환 반응의 속도를 가장 빠르게 한다.

2. 기구 및 시약

- *n*-butyl chloride 0.4g
- *n*-butyl bromide 0.4g
- *sec*-butyl chloride 0.4g
- *tert*-butyl chloride 0.4g
- 15% NaI-acetone 용액 10mL
- 0.1M ethanolic $AgNO_3$ 10mL
- 시험관 8개
- 2mL 피펫

3. 실험 방법

- **S_N1 및 S_N2 반응의 할로알케인 구조의 영향**

\- S_N2 반응

① 시험관에 번호를 1~4까지 매겨 두 개의 조로 나눈다.

② 각 조의 시험관에 다음의 화합물을 0.2g씩 넣어 코크 마개를 막는다.

(1) *n* butyl chloride

(2) *n*-butyl bromide

(3) *sec*-butyl chloride

(4) *tert*-butyl chloride

③ 15% NaI-acetone 용액 10mL와 0.1M ethanolic $AgNO_3$ 10mL를 만든다.

④ 1~4까지의 시험관을 순서대로 배열하고, 1번 시험관에 2mL의 NaI 용액을 한 번에 빠르게 가한다.

⑤ 2~3분 후에 2번 시험관에 2mL NaI 용액을 넣는다. 나머지 다른 시험관에도 앞에서와 같은 시간 간격으로 2mL의 NaI 용액을 넣는다.

⑥ NaI 용액을 4개 시험관에 모두 가한 후에 각 시험관을 관찰하여 침전이 생성되기 시작하는 시간과 완전히 생성되는 시간을 정확히 측정하여 기록한다. 다음 실험을 하는 동안 주기적으로 관찰한다.

⑦ 시험관 반응이 끝나면 관찰하고 폐시약 통에 버린다.

- S_N1 반응

① 위 실험에서 사용하지 않은 4개의 시험관에 번호를 매기고 위의 각 화합물을 0.2g씩 넣는다. 시료가 든 각 시험관에 위 실험과 같이 2mL의 $AgNO_3$ 용액을 2분 간격으로 가한다.

② $AgNO_3$ 용액을 모두 가한 후에 즉시 각 시험관에서 일어나는 변화를 관찰하여 처음 혼탁해질 때의 시간을 측정 및 기록하고, 완전히 침전이 형성된 시간과의 시간 차이도 관찰·기록한다.

③ 이때까지 NaI를 가한 시험관이 투명하거나 맑으면 코크 마개를 조금 열고 50℃의 물중탕에서 가열하며 시험관에서 일어나는 변화를 관찰한다.

④ 시험관 반응이 끝나면 관찰하고 폐시약 통에 버린다.

결 과 보 고 서

제6절 알케인의 친핵성 치환 반응

학부(과)		학 번		성 명	
실험일자		실험조		담당교수	

▶ S_N1 및 S_N2 반응의 할로알케인 구조의 영향

1. 화학반응식을 구하여라.

2. 실험을 수행하면서 다음에 대해 빈칸에 기록하여라.

시약	*n*-Butyl chloride	*n*-Butyl bromide	*sec*-Butyl chloride	*tert*-Butyl chloride
분자식				
구조식				
분자량				
녹는점(℃)				
끓는점(℃)				
밀도(g/mL)				
사용량(g)				
몰(mmol)				

3. 위 실험을 바탕으로 S_N2 반응과 S_N1 반응을 설명하여라.

4. 실험과정 중 만든 NaI-Acetone 용액에서 NaI의 농도가 반으로 줄어들었다면 반응 속도에 어떠한 영향을 미치는지 설명하여라.

제7절 카보닐 화합물의 환원 반응(Reduction)

1. 실험 원리

카보닐 그룹을 환원시키는 데 사용되는 시약으로는 $NaBH_4$(sodium borohydride), $LiAlH_4$(lithium aluminium hydride), DIBAH(diisobutylaluminum hydride)가 사용되고 있다.

$NaBH_4$는 환원력이 약한 환원제로 알데하이드와 케톤만을 환원시킨다. 반응 시 알코올과 물을 용매로 사용할 수 있으며 에테르 계열의 용매에서는 반응이 일어나지 않는다.

알데하이드와 게톤의 환원은 borohydride 이온으로부터 카보닐 카본으로의 hydride 이온의 이동을 통해 일어나는데 전자의 이동은 다음과 같다.

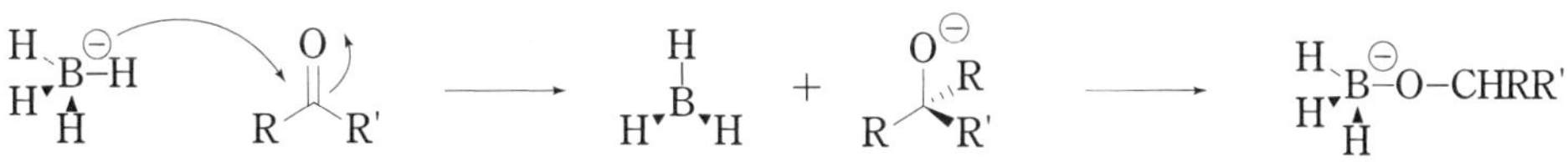

Borohydride 이온은 분자 내에 반응성이 강한 4개의 수소 원자가 존재하기 때문에 1당량의 borohydride 이온은 4당량의 알데하이드나 케톤 분자를 효과적으로 환원시킬 수 있다.

$$\overset{\ominus}{BH_4} + R_2CO \longrightarrow R_2CHO-BH_2 \xrightarrow{R_2CO} [R_2CHO]_2BH_2$$

$$\xrightarrow{R_2CO} [R_2CHO]_3\overset{\ominus}{BH} \xrightarrow{R_2CO} [R_2CHO]_4\overset{\ominus}{B}$$

$LiAlH_4$는 매우 강력한 환원제로 알데하이드, 케톤, 카복실산, 에스터, 아마이드를 환원시키는 데 사용되며, 알코올과 물에서 격렬하게 반응하여 수소가스가 생성되어 위험하므로 무수 조건이 필요하다. 반응 용매는 하이드록시기가 없는 에테르(Diethyl ether, THF)를 주로 사용한다.

DIBAH는 에스터를 가지고 -78℃에서 반응시키면 알데하이드까지 환원된다. 반응 온도를 높여 진행시키는 경우 알코올까지 환원된다는 특징이 있다.

표 4.4 $NaBH_4$와 $LiAlH_4$의 반응성 비교.

	$NaBH_4$	$LiAlH_4$
모양	흰색의 고체	회색 빛의 고체
사용하는 용매	양성자성 용매 (물, 에탄올, 메탄올, 프로판올)	Diethyl ether, THF (물 같은 양성자성 용매와는 격렬하게 반응함. 화재위험. 무수 용매 사용해야 함)
반응하는 작용기	알데하이드, 케톤	알데하이드, 케톤, 카복실산, 카복실산 유도체 등

2. 기구 및 시약

- 100mL 둥근바닥 플라스크
- Benzophenone 1g
- $NaBH_4$ 0.3g
- Ethanol 30mL
- Diethyl ether
- n-Hexane
- 2M HCl solution
- 자석젓개 막대
- TLC판
- 모세관
- TLC 전개 용기
- 분별 깔때기
- Na_2SO_4
- Glass Filter
- Filter paper
- 아스피레이터

3. 실험 방법

• Diphenylmethanol의 합성

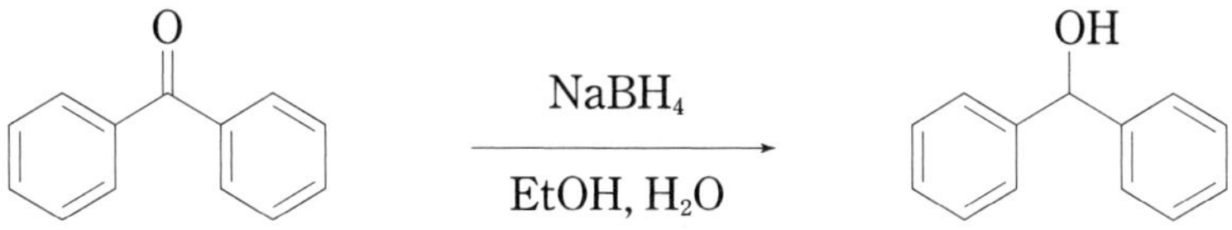

① 100mL 둥근바닥 플라스크에 자석젓개 막대와 1g의 Benzophenone, 30mL의 ethanol을 넣고 교반한다.

② 0.3g의 $NaBH_4$를 1mL의 H_2O에 녹인 후, ①에 천천히 가한다. (이때, 100mL 둥근바닥 플라스크를 얼음물에 냉각시키면서 천천히 적가한다.)

※ $NaBH_4$는 물과 접촉 시 자연 발화성 인화성 가스를 발생시키기 때문에 피부 접촉을 가급적 피한다. 피부에 접촉되면 유독하여 피부에 심한 화상과 눈에 손상을 일이킬 수 있으므로 보호장갑과 보안경을 반드시 착용한다.

③ H_2O에 녹인 $NaBH_4$를 모두 첨가하면 30~40분가량 실온에서 교반한다.

④ 반응의 진행 정도는 TLC를 사용하여 15분마다 점검한다. (Benzophenone의 사라짐 유무 확인하고 Benzophenone이 남아있는 경우에는 $NaBH_4$를 0.5eq 더 첨가한다.)

⑤ TLC 분석으로 반응이 완결된 것이 확인되면 10mL의 2M HCl solution을 넣는다.

⑥ 플라스크 안의 내용물을 분별 깔때기로 옮긴 후 30mL의 diethyl ether로 두 번 반복해서 추출한다.

⑦ 유기층을 모두 모아 무수 Na_2SO_4로 건조시킨 후 건조제를 여과하여 제거한다.

⑧ Diethyl ether로 씻고 여과액으로부터 용매를 증발시킨다.

⑨ 얻어진 고체를 n-Hexane을 사용하여 재결정한다.

⑩ 수득률을 계산하고 NMR을 이용하여 구조를 확인한다.

※ $NaBH_4$는 공기 중에 녹기 때문에 무게를 재고, 너무 천천히 넣지 않으며 소량씩 나누어 첨가한다. 이때 반응 용기의 온도는 상승하므로 얼음 중탕을 설치하여 반응을 진행한다.

결과보고서

제7절 카보닐 화합물의 환원 반응

학부(과)		학 번		성 명	
실험일자		실험조		담당교수	

▶ Diphenylmethanol의 합성

1. 화학반응식

2. 실험을 수행하면서 다음에 대해 빈칸에 기록하여라.

명명	Benzophenone	$NaBH_4$	Diphenylmethanol
분자식			
구조식			
분자량			
녹는점(℃)			
끓는점(℃)			
밀도(g/mL)			
사용량(g)			
몰(mmol)			

3. 수득률을 구하여라.

4. 반응기전을 설명하여라.

5. $NaBH_4$에는 몇 당량의 hydride가 들어 있는지 구하여라.

6. 에스터는 보통 $NaBH_4$와 반응하지 않으나 $LiAlH_4$와는 반응하여 알코올로 변한다. $LiAlH_4$가 $NaBH_4$보다 반응성이 더 큰 이유를 설명하여라.

제8절 알돌 축합반응(Aldol Condensation)

1. 실험 원리

알돌 반응은 두 카보닐 화합물이 촉매 존재 하에서 서로 반응하여 알돌 화합물이 얻어지는 반응이며 새로운 탄소-탄소 결합을 만드는 반응이다. 하나의 카보닐 화합물은 친핵체(nucleophile)로 작용하며 또 다른 하나의 카보닐 화합물은 친전자체(electrophile)로 작용하여 탄소-탄소 결합을 형성하게 된다.

알돌 축합반응은 가역반응으로서 첨가 반응에서 생긴 β-하이드록시카보닐 화합물에 염기가 작용하면 역반응이 일어나서 시작 물질로 돌아간다. 이런 반응을 역-알돌(retro-aldol) 반응이라고 한다.

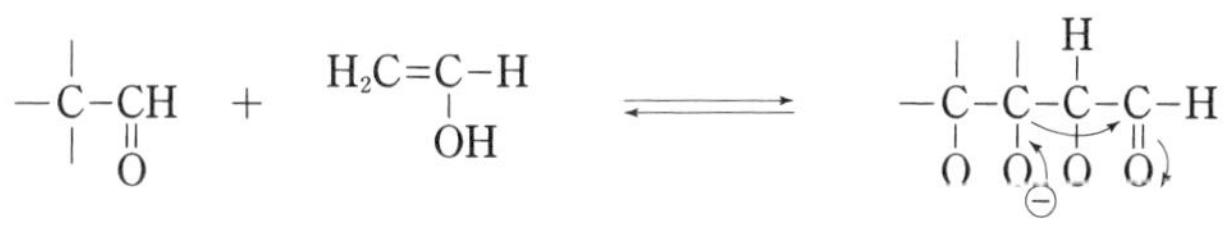

알돌 축합반응을 통해 합성된 β-하이드록시카보닐 화합물은 가역반응이나 달수반응을 거쳐 콘쥬게이션된 엔온을 만든다.

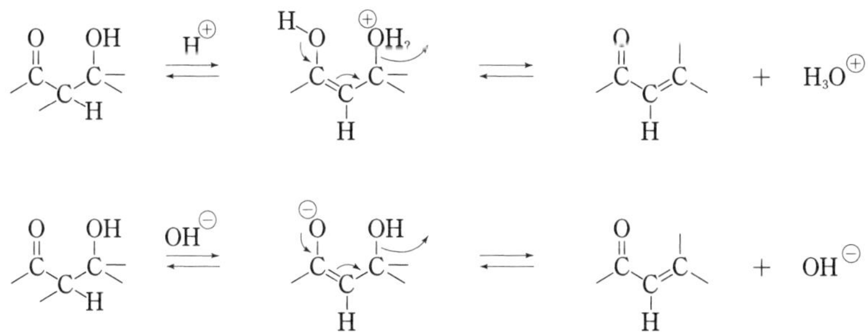

이번 실험은 벤즈알데하이드와 아세톤으로부터 Dibenzalacetone을 합성하는 반응을 진행한다. 이 반응은 알데하이드의 카보닐기에 아세톤의 활성 메틸렌 음이온의 친핵성 부가가 일어난 후 스스로 탈수되어 $C_6H_5CH{=}CHCOCH_3$를 생성하는 반응이다. 이어 생성된 화합물의 음이온인 $C_6H_5CH{=}CHCOCH_2^-$이 다시 반응을 반복하여 최종적으로 Dibenzalacetone을 합성하는 반응이다.

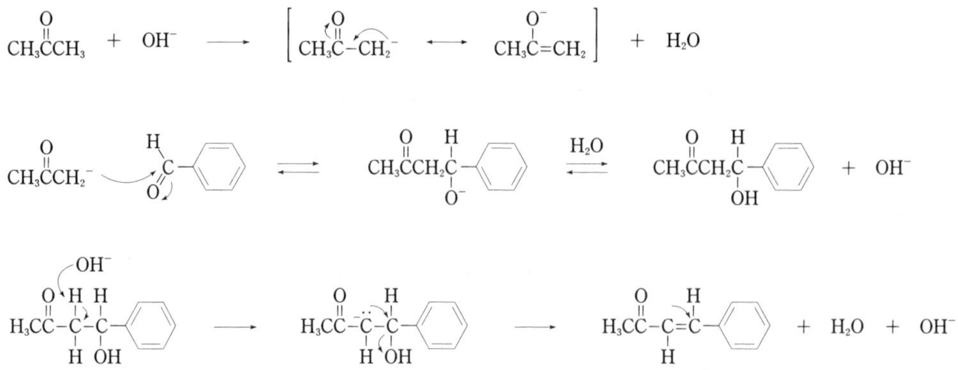

2. 기구 및 시약

- 100mL 둥근바닥 플라스크
- Benzaldehyde 1g
- Sodium hydroxide 0.8g
- Acetone 0.3mL
- Ethanol
- H_2O
- 자석젓개 막대
- syringe
- Glass Filter
- Filter paper
- 아스피레이터

3. 실험 방법

- Dibenzalacetone의 합성

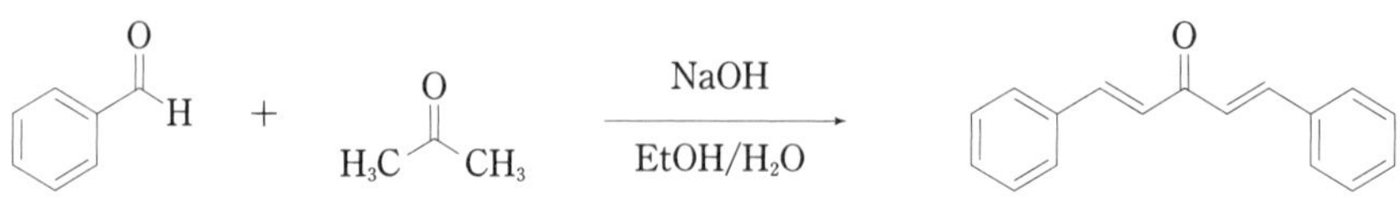

① 100mL 둥근바닥 플라스크에 자석젓개 막대를 넣고, 10mL의 H_2O와 Ethanol을 가하고 0.8g의 NaOH를 녹인다. (NaOH를 녹일 때는 얼음물에서 진행한다.)

② syringe를 이용하여 1g의 Benzaldehyde와 0.3mL의 Acetone을 천천히 넣는다.

③ 얼음물을 제거한 후, 실온에서 30분간 더 교반한다.

④ 반응 후 생성된 고체를 감압여과장치를 사용하여 여과하고 차가운 물 30~50mL를 이용하여 씻어준다.

⑤ 얻어진 고체를 10mL의 Ethanol을 이용하여 재결정한다.

⑥ 수득률을 계산하고 NMR을 이용하여 구조를 확인한다.

결과보고서

제8절 알돌 축합반응

학부(과)		학 번		성 명	
실험일자		실험조		담당교수	

▶ Dibenzalacetone의 합성

1. 화학반응식

2. 실험을 수행하면서 다음에 대해 빈칸에 기록하여라.

명명	Benzaldehyde	Acetone	Dibenzalacetone
분자식			
구조식			
분자량			
녹는점(℃)			
끓는점(℃)			
밀도(g/mL)			
사용량(g)			
몰(mmol)			

3. 수득률을 구하여라.

4. 반응기전을 설명하여라.

5. 이번 실험에서 생길 수 있는 부생성물은 무엇인가? 또한, 아세톤을 과량으로 사용하게 되면 어떠한 화합물이 얻어질 수 있는지 구하여라.

6. 알돌 반응은 산 촉매 존재 하에서도 일어난다. 이 경우의 메커니즘을 설명하여라.

7. Aldol 축합반응, Claisen 축합반응, Dieckmann 축합반응을 각각 설명하여라.

제9절 에테르 화합물의 합성(Williamson synthesis)

1. 실험 원리

에테르는 R-O-R(R=alkyl 또는 aryl)의 일반 구조를 가지는 화합물 계열이다. 에테르는 상대적으로 화학반응을 거의 일으키지 않는다. 강산을 제외하고는 대부분의 유기 화합물에 비교적 안정한 화합물이므로 실험실에서 자주 접하게 되는 용매 중 하나이며, 에테르 화합물의 용도는 매우 다양하다. 대표적인 에테르 계열 용매로 Diethyl ether, tetrahydrofuran(THF), *tert*-butyl methyl ether(MTBE)를 들 수 있다.

$$\underset{\text{2-Methylpropene}}{(CH_3)_2C-CH_2} + \underset{\text{Methanol}}{CH_3OII} \longrightarrow \underset{\text{tert-Butyl methyl ether}}{(CH3)_3COCH_3}$$

에테르를 합성하는 가장 대표적인 방법은 할로알케인과 알콕사이드 이온을 반응시켜 에테르를 합성하는 Williamson 방법이며, 이 반응은 S_N2 메커니즘으로 진행된다.

$$R-OH + NaH \xrightarrow[\text{용매}]{\text{비양성자성}} \underset{\text{알콕사이드}}{R-O^-} + H_2$$

$$R-O^- + R'H_2C-X \xrightarrow[\text{용매}]{\text{비양성자성}} \underset{\text{에디르}}{R-O-CH_2R'^-} + X^-$$

$$S_N2$$

따라서 이차 및 삼차 할로알케인들은 제거 반응이 일어나므로 Williamson 에테르 합성법에서는 이용되지 않는다. Williamson 에테르 합성법으로 에테르를 제조하면, 할로젠화 메틸과 일차 할로젠화 알킬들과 가장 잘 합성할 수 있다. 알콕사이드 염기가 일차, 이차, 삼차인 것은 할로젠화 알킬 화합물의 성질에 비해 별로 중요하지 않다.

페놀은 지방족 알코올보다 매우 큰 산성도를 가진다. 따라서 NaOH(물 용매)나 potassium carbonate(K_2CO_3, acetone 또는 butanone 용매)와 같은 염기로도 phenoxide 염을 만들 수 있다. 페놀의 산성도는 고리에 치환된 치환기의 종류와 위치에 크게 의존한다. 페놀은 ferric chloride와 반응하여 색을 띠는 착물을 만들며, 페놀의 구조에 따라 녹색에서부터 붉은색까지 범위의 색을 띤다. 이를 이용하여 페놀의 정성 분석이 가능하다. 그러나 hydroxamic acid나 hydroxy acid 화합물류도 ferric chloride가 존재하면 붉은 보라색을 띨 수 있어 주의해야 한다.

2. 기구 및 시약

- 100mL 이구 둥근바닥 플라스크 1개
- Reflux condenser
- Sodium hydroxide 0.2g
- Phenol 0.5g
- Benzyl chloride 0.67g
- Ethanol
- TLC 판
- 모세관
- TLC 전개 용기
- 전개 용매(Toluene : Ethanol = 98 : 2, v/v)
- Ferric chloride 용액(0.1% 수용액)
- Glass Filter
- 아스피레이터

3. 실험 방법

- Benzyl phenyl ether의 합성

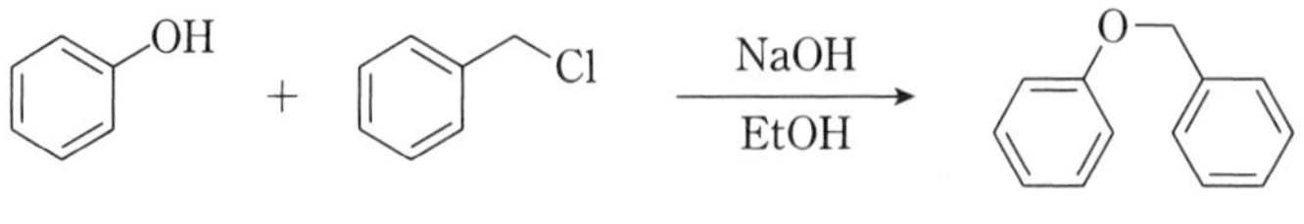

① 100mL 이구 둥근바닥 플라스크에 환류 냉각관을 장치한다.

② 0.2g Sodium hydroxide를 20mL Ethanol에 녹인다. 그다음 0.5g의 Phenol을 가하여 녹인다.

③ 0.67g Benzyl chloride를 가하고 2시간 동안 교반한다. 이때 반응의 진행 정도는 TLC로 확인한다(TLC 전개 용매:toluene/ethanol=98:2, v/v).

④ Ferric chloride 용액(0.1% 수용액) 1mL를 시험관에 넣고, 소량의 반응 용액을 첨가하여 색깔의 변화가 있는지 확인한다. 이때 색의 변화가 없으면 phenol이 완전히 반응한 것이다.

⑤ 반응 혼합물을 냉각시키고 50mL의 물에 붓는다. 얻어진 고체를 여과하고 Ethanol-물 혼합 용매로 재결정한다.

⑥ 생성물의 녹는점을 측정하여 문헌값과 비교·확인하고, IR 및 NMR로 구조를 확인한다.

결 과 보 고 서

제9절 에테르 화합물의 합성

학부(과)		학 번		성 명	
실험일자		실험조		담당교수	

▶ Benzyl phenyl ether의 합성

1. 화학반응식을 구하여라.

2. 실험을 수행하면서 다음에 대해 빈칸에 기록하여라.

시약	Phenol	sodium hydroxide	Benzyl chloride	Benzyl phenyl ether
분자식				
구조식				
분자량				
녹는점(℃)				
끓는점(℃)				
밀도(g/mL)				
사용량(g)				
몰(mmol)				

3. 수득률을 구하여라.

4. 반응기전을 설명하여라.

제10절 카보닐 화합물의 에스테르화 반응(Esterification)

1. 실험 원리

카복실산(carboxylic acid)은 카보닐 화합물의 중심 화합물이며, 그 자체로서도 중요하다. 그뿐만 아니라 에스터, 아마이드, 산 할로젠화물, 산 무수물, 나이트릴 화합물과 같은 카복실산 유도체들 또한 자연에 널리 분포되어 있으며, 공업적으로도 다양하게 이용되는 중요한 화합물이다.

Carboxylic acid　Ester　Amide　Acid halide　Acid anhydride　Nitrile

에스터(Ester)는 카복실산과 알코올의 축합물이며, 황산과 같은 산 촉매에 의해 이루어지는 에스터화 반응이다. 이 반응은 가역적이기 때문에 카복실산에서 높은 수율로 에스터를 얻기 위해서는 한 가지 반응물(알코올)을 과량으로 사용하거나 생성되는 물을 제거하는 것이 좋다. 과량의 알코올로부터 에스터화를 촉진시키는 방법은 Emil Fischer가 처음 시도한 후로 피셔의 에스터화라 불린다. 알코올이 싸고, 많은 양에도 너무 큰 비용이 들지 않을 때 이러한 반응이 이용된다.

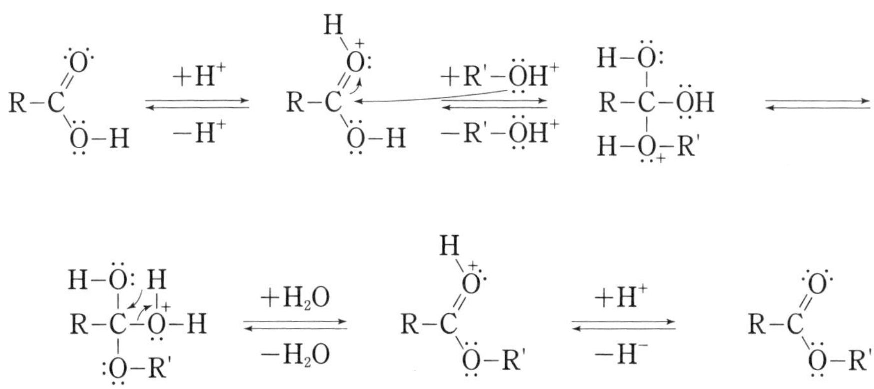

표 4.5 다양한 에스터 화합물

Ester	Formula	bp (℃)	Fragrance
2-Methylpropyl formate	$HC(=O)-OCH_2CH(CH_3)CH_3$	98.4	Raspberry
1-Propyl acetate	$H_3CC(=O)-OCH_2CH_2CH_3$	101.7	Pear
Methyl butyrate	$CH_3CH_2CH_2C(=O)-OCH_3$	102.3	Apple
Ethyl butyrate	$CH_3CH_2CH_2C(=O)-OCH_2CH_3$	121	Pineapple
2-Methylpropyl propionate	$CH_3CH_2C(=O)-OCH_2CH(CH_3)CH_3$	136.8	Rum
3-Methylbutyl acetate	$CH_3C(=O)-OCH_2CH_2CH(CH_3)CH_3$	142	Banana
Benzyl acetate	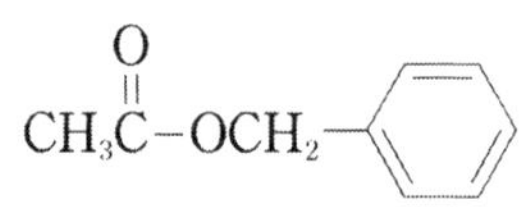	213.5	Peach
Octyl acetate	$CH_3C(=O)-OCH_2(CH_2)_6CH_3$	210	Orange
Methyl salicyalte	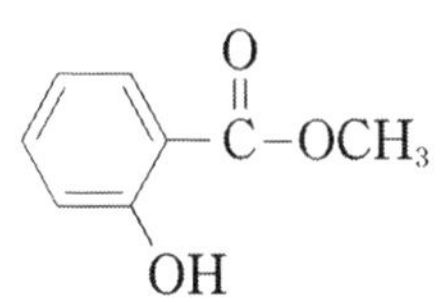	222	Wintergreen

2. 기구 및 시약

- 100mL 둥근바닥 플라스크
- Reflux condenser
- Benzoic acid 2g
- Methanol (or Ethanol) 20mL
- *conc*-H_2SO_4

- Diethyl Ether
- 10% $NaHCO_3$ 용액
- sat. NaCl 용액
- TLC 판
- 모세관
- TLC 전개 용기
- 분별 깔때기
- Na_2SO_4
- Glass Filter
- 아스피레이터

3. 실험 방법

- Methyl benzoate(Ethyl benzoate)의 합성

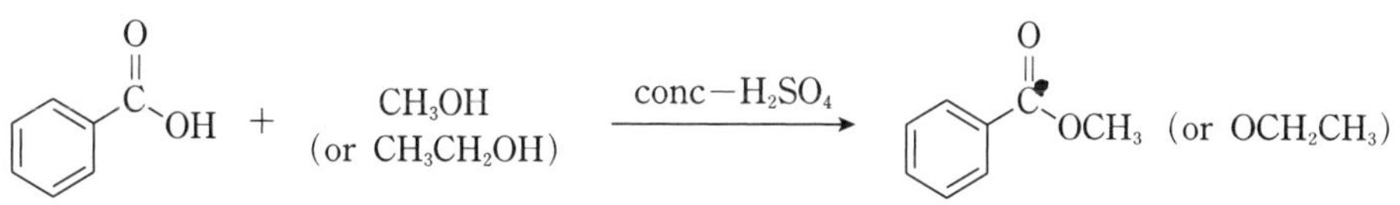

① 100mL 둥근바닥 플라스크에 자석젓개 막대를 넣고, 2g의 산(Benzoic acid)을 넣은 다음 20mL methanol(또는 50mL ethanol)과 대략 0.5mL의 conc-H_2SO_4를 촉매로 가한다.

② 플라스크에 환류 장치를 설치하고 혼합물을 교반하면서 1~2시간 동안 환류시킨다.

③ 반응의 진행 정도는 TLC를 사용하여 20분마다 점검한다.
(TLC; 환류 40분 가량이 지나면 벤조산 점적의 크기가 점점 작아짐을 확인할 수 있는데, 1시간이 지났는데도 벤조산이 관찰될 경우에는 Methanol (or Ethanol) 10mL를 더 가해주고 20분가량 더 환류시켜 준다.)

④ TLC 분석으로 반응이 완결된 것이 확인되면 반응 용액을 상온까지 냉각시키고 250mL 분별 깔때기에 옮긴다.

⑤ 여기에 50mL diethyl ether와 75mL H_2O를 가하고 잘 흔들어 준다.

⑥ 두 층 중에서 수용액층을 분리하여 없앤다.

⑦ 유기물층을 30mL 10% $NaHCO_3$ 용액으로 1회, 30mL 포화 NaCl 용액으로 1회씩 계속하여 씻는다.

⑧ 무수 Na_2SO_4로 약 2분간 건조시킨 후 건조제를 여과하여 제거한다.

⑨ Diethyl ether로 씻고 여과액으로부터 용매를 증발시킨다.

⑩ 녹는점과 끓는점의 범위를 문헌값과 비교하고, 퍼센트 수득률을 기록한다.

⑪ IR 및 NMR로 구조를 확인한다.

결과보고서

제10절 카보닐 화합물의 에스테르화 반응

학부(과)		학 번		성 명	
실험일자		실험조		담당교수	

▶ Methyl benzoate (Ethyl benzoate)의 합성

1. 화학반응식을 구하여라.

2. 실험을 수행하면서 다음에 대해 빈칸에 기록하여라.

시약	Benzoic acid	H_2SO_4	Methyl Benzoate or Ethyl Benzoate
분자식			
구조식			
분자량			
녹는점(℃)			
끓는점(℃)			
밀도(g/mL)			
사용량(g)			
몰(mmol)			

3. 수득률을 구하여라.

4. 반응기전을 설명하여라.

5. Le Châtlier의 원리를 참고하여 ester의 생성률을 증가시킬 수 있는 방법을 제시하여라.

6. 분별 깔때기에서 층을 분리할 때, 수층과 유기층 중에서 어느 층이 아래에 있는지 구하고, 그 이유를 설명하여라.

7. 위 실험에서 황산 대신 염산을 이용하면 어떻게 생성물을 얻게 되는지 설명하여라.

제11절 염료용 아조화합물의 합성(Diazotization reaction)

1. 실험 원리

물질의 색을 변환하는 데 이용되는 염료(dyes)와 색소(pigments)는 이들을 용해하는 용매에 대한 용해도가 다르다. 즉, 염료는 보통 물에 잘 녹지만 색소는 물에 녹지 않는다. 염료는 구조에 따라 아조(azo) 염료, 양이온 염료, 안트라퀴논(anthraquinone) 및 인디고(indigo) 염료로 구분된다.

아조 염료는 가장 중요하고 널리 사용되는 염료 중 하나이며, 두 benzene 고리가 발색단으로 아조기(-N=N-) 결합으로 연결된 구조를 말한다. 분자 내 아조기의 수에 따라 모노아조 염료(아조기 1개), 디아조 염료(아조기 2개), 트리아조 염료(아조기 3개), 테트라키스아조 염료(아조기 4개)라고 하며, 트리아조 이상을 폴리아조 염료라 부른다. 방향족 아조 화합물들은 콘쥬게이션 파이-오비탈계가 확장되어 있어 전자기 스펙트럼의 가시선 영역에서 흡수가 일어나고, 진한 색을 나타낸다. 대부분의 아조 화합물은 보라색~녹색 범위에서 복사선을 흡수하므로 노란색~붉은색 범위의 색을 띤다. 아조 화합물의 색깔은 benzene 고리의 치환기와 콘쥬게이션 정도에 따라 결정되며, 아조기의 수에 따라 색이 더 짙어진다.

아조 화합물이 유용한 염료로 사용되려면 물에 잘 녹아야 한다. 그러기 위해서는 benzene 고리에 극성 작용기나 이온을 도입한다.

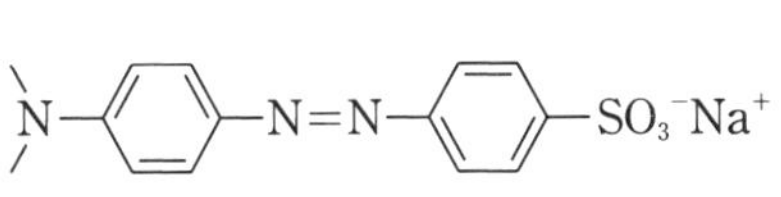

Methyl orange

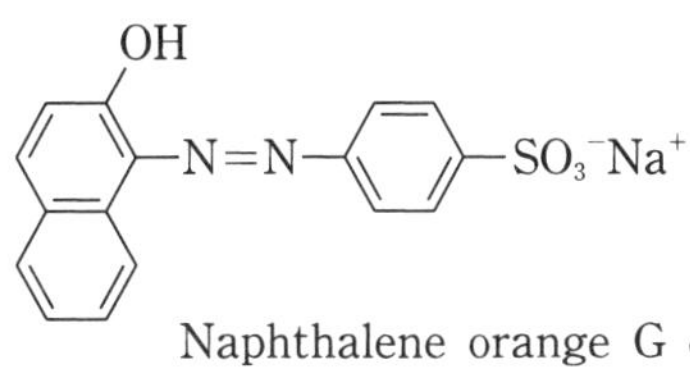

Naphthalene orange G or Orange Ⅱ

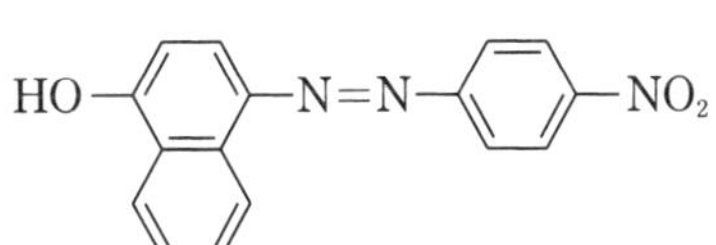

Magneson Ⅱ

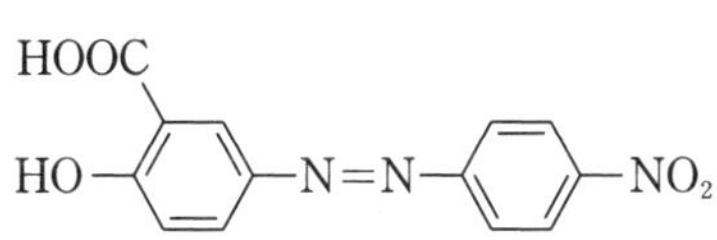

Solochrome Orange M

아조 염료는 방향족 아민으로부터 다이아조화 반응(diazotization) 단계와 다이아조 화합물과 방향족 화합물의 커플링 반응(coupling reaction) 단계를 거쳐 합성된다.

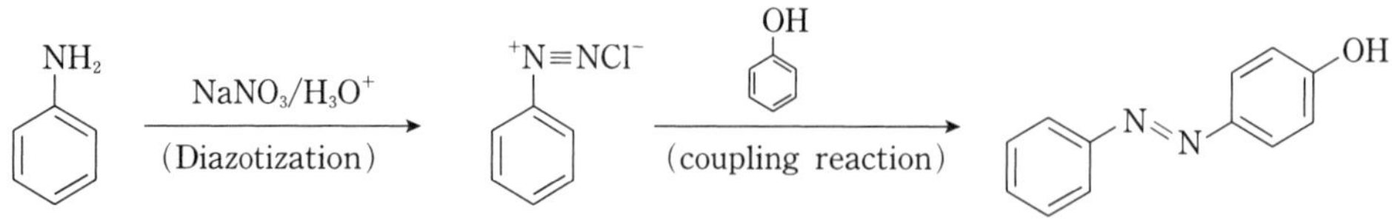

실험 1 Orange II의 합성

2. 기구 및 시약

- sulfanilic acid 0.5g
- sodium carbonate 0.13g
- sodium nitrite 0.2g
- 2-naphthol 0.4g
- 2.5 M NaOH 수용액
- HCl
- Sodium chloride
- 삼각 플라스크 3개
- Hot plate
- 피펫
- 유리막대
- 물, 얼음

3. 실험 방법

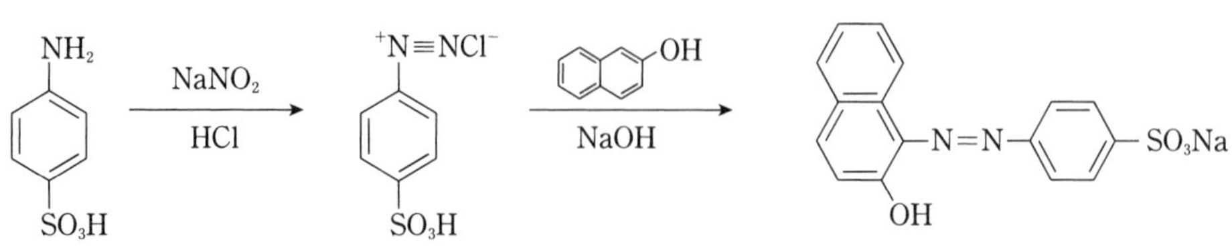

• 다이아조늄 이온 용액 제조

① 삼각 플라스크(A 삼각 플라스크)에 0.5g sulfanilic acid, 0.13g sodium carbonate, 물 15mL를 넣고, 이 삼각 플라스크를 물중탕에서 맑은 용액이 될 때까지 가열한다.

② 삼각 플라스크를 물중탕에서 옮기고, 0.2g의 sodium nitrite를 물 0.5mL에 녹인 용액을 가한다.

③ 0.5mL 진한 염산 용액과 얼음 3g을 다른 삼각 플라스크(B 삼각 플라스크)에 넣고 위에서 제조한 아민 혼합물을 피펫으로 천천히 가하면, sulfanilic acid의 다이아조염 침전이 생성된다. 이때, 삼각 플라스크는 얼음 중탕에 둔다.

• 커플링 반응

④ 삼각 플라스크(C 삼각 플라스크)에 0.4g의 2-naphthol과 2mL의 2.5 M NaOH 수용액을 넣고, 플라스크를 얼음 중탕에 둔다.

⑤ 삼각 플라스크(C 삼각 플라스크)에 위에서 제조한 다이아조늄 용액(B 삼각 플라스크)을 피펫을 이용하여 아주 천천히 가하고 유리막대로 저어준다. 용액 전부를 가할 때까지 반복한다.

⑥ 10분간 얼음 중탕에 두고 가끔 저어주며, 색깔의 변화를 관찰하고 기록하여라.

⑦ 삼각 플라스크를 가열판으로 옮겨 고체가 다 녹을 때까지 가열한다. 용액에 NaCl 1g을 가하고 다 녹을 때까지 가열한다.

⑧ 용액을 먼저 상온으로 냉각시키고, 다시 얼음 중탕에서 냉각시킨다.

⑨ 생성된 고체를 여과하고, 포화 NaCl 용액 2mL로 결정을 씻고 건조한다. 이후, 생성물의 질량을 측정하고 수득률을 계산한다. 여기에는 약 20%의 NaCl이 포함되어 있다.

• 염색

⑩ 50mg의 고체 염료를 20mL 물에 녹인다. 준비된 면 조각을 넣고 약 5분간 끓인다. 천 조각을 꺼내어 수돗물로 잘 씻고 건조한다.

2. 기구 및 시약

- N,N-Dimethylaniline 0.5mL
- acetic acid 0.25mL
- Sodium Hydroxide 0.6g
- Na_2CO_3 0.3g
- sulfanilic acid 0.9g
- sodium nitrite 0.75g
- HCl
- sodium chloride
- 100mL 둥근바닥 플라스크 1개
- 삼각 플라스크 2개
- Reflux condenser
- Hot plate
- 물, 얼음

3. 실험 방법

① 삼각 플라스크에 0.5mL N,N-Dimethylaniline과 0.25mL acetic acid를 넣어 얼음 중탕한다. (A 삼각 플라스크)

② 다른 삼각 플라스크에 0.6g Sodium Hydroxide를 2mL의 물에 녹인다. (B 삼각 플라스크)

③ 100mL 삼각 플라스크에 0.3g Na2CO3와 10mL의 물을 넣은 뒤, 0.9g의 sulfanilic acid을 넣는다. (sulfanilic acid는 0.3g씩 나누어 넣도록 하며, sulfanilic acid가 잘 녹지 않을 때는 가열하여 녹인다.)

④ 0.75g sodium nitrite를 물 4mL에 녹인 후, 얼음물에서 3번 둥근바닥 플라스크에 교반하면서 천천히 넣는다.

⑤ 이 반응 혼합물에 0.6mL의 진한 HCl을 물 4mL에 희석한 용액을 조심스럽게 가한다.

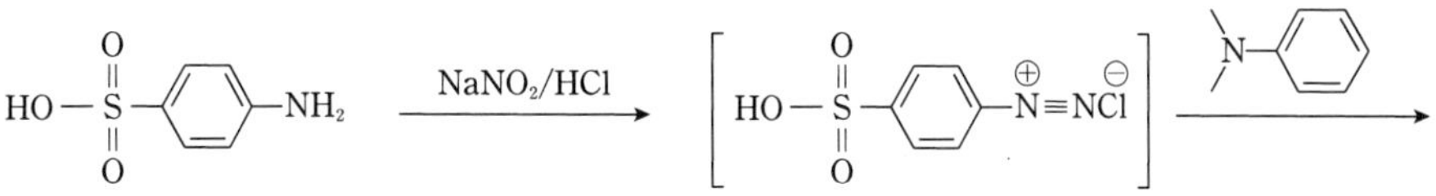

Sulfanililic Acid

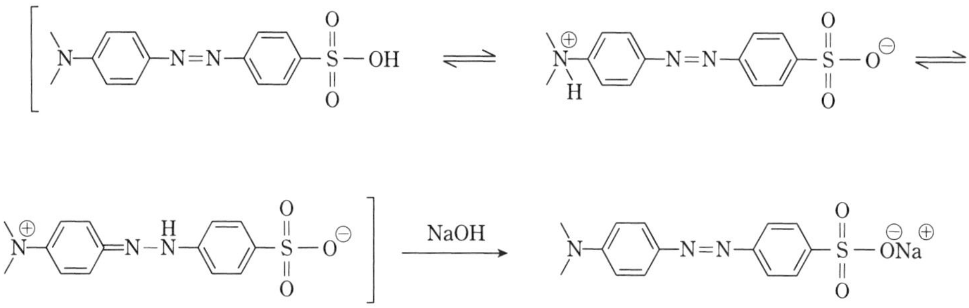

⑥ A 삼각 플라스크에 담긴 용액을 C 삼각 플라스크에 넣고 10분간 실온에서 교반한 뒤, B 삼각 플라스크에 담긴 용액을 넣은 뒤 10분간 추가 교반한다.

⑦ 위 용액에 0.35g의 NaCl을 넣은 뒤 약 80℃로 가열하여 Orange색의 고체를 완전히 녹인 다음, 실온에서 약 20분간 식히고 다시 얼음물에서 냉각시킨다.

⑧ 생성된 결정을 거르고, 찬물로 씻은 후 소량의 Ethanol로 씻어서 건조시킨다.

⑨ 수득률을 계산하고 최종 생성물의 녹는점을 측정한 뒤, NMR을 통해 구조를 확인한다.

결 과 보 고 서

제11절 염료용 아조화합물의 합성

학부(과)		학 번		성 명	
실험일자		실험조		담당교수	

▶ Orange II의 합성

1. 화학반응식을 구하여라.

2. 실험을 수행하면서 다음에 대해 빈칸에 기록하여라.

시약	Sulfanilic acid	sodium carbonate	sodium nitrite	HCl	2-Naphthol
분자식					
구조식					
분자량					
녹는점(℃)					
끓는점(℃)					
밀도(g/mL)					
사용량(g)					
몰(mmol)					

3. 수득률을 구하여라.

4. 반응기전을 설명하여라.

5. Orange II를 사용한 염색에서 식물성 염료로 된 천은 동물성 섬유로 만들어진 것보다 염색이 잘되지 않는다. 그 이유를 설명하여라.

결과보고서

제11절 염료용 아조화합물의 합성

학부(과)		학 번		성 명	
실험일자		실험조		담당교수	

▶ Methyl Orange의 합성

1. 화학반응식을 구하여라.

2. 실험을 수행하면서 다음에 대해 빈칸에 기록하여라.

시약	Sulfanilic acid	N,N-Dimeth-ylaniline	Acetic acid	Sodium nitrite	Sodium hydroxide
분자식					
구조식					
분자량					
녹는점(℃)					
끓는점(℃)					
밀도(g/mL)					
사용량(g)					
몰(mmol)					

3. 수득률을 구하여라.

4. 반응기전을 설명하여라.

5. Methyl Orange가 지시약으로 쓰일 수 있는 이유를 설명하여라.

제12절 유기 화합물의 분석에 이용되는 분광 분석법 및 크로마토그래피법

실험 1 UV-Visible Absorption spectroscopy(자외선-가시광선 흡수 분광법)

1. 실험 원리

자외선과 가시광선 복사선을 이용하는 흡수 분광법은 분자 화학종의 정량 및 정성 분석에 널리 이용되고 있다. 순수한 물질로 합성한 물질을 정제하였거나 구입한 시약이 순수한지 검사하기 위해 순수한 시약의 자외선-가시광선 스펙트럼과 구입한 시약 또는 실험 시약의 스펙트럼을 비교하는 것은 대단히 효과적이다. 정성 분석에서는 최대 흡광 파장(λ_{max})과 이 파장에서의 흡광 계수(ε_{max})를 측정하여 비교한다. λ_{max}는 물질의 정성 분석에 이용하고, λmax에서 측정한 흡광도는 농도에 비례하므로 정량 분석에 이용한다.

흡광 광도 분석법에서 정량 분석에 대한 중요한 법칙이 있다. Lambert와 Bouguer는 흡광도(A)가 시료 용액의 길이(빛이 통과하는 길이로 cuvette cell 길이에 해당함)에 비례한다는 것을 발견하고, 이를 Lambert(Bouguer)의 법칙이라고 하였다.

$$A \propto b$$

한편, Beer는 흡광도(A)가 시료의 농도에 비례함을 발견하고, 이를 Beer의 법칙이라고 하였다.

$$A \propto C$$

(b는 cuvette cell의 길이(cm)이며, C는 용질의 농도(mol/L)이다.)

위의 두 법칙을 합한 식을 Beer-Lambert 법칙이라고 한다.

$$A = \varepsilon bC$$

ε는 몰흡광계수(molar extinction coefficient)라고 하며, 다음의 식을 이용하여 시료의 몰흡광계수를 구할 수 있다.

$$\varepsilon = A / b \times C$$

2. 기구 및 시약

- 분광 광도계
- 큐벳 셀(1set)
- Methylene Blue 용액(용매: Acetonitrile)(10μM, 5μM, 1μM)

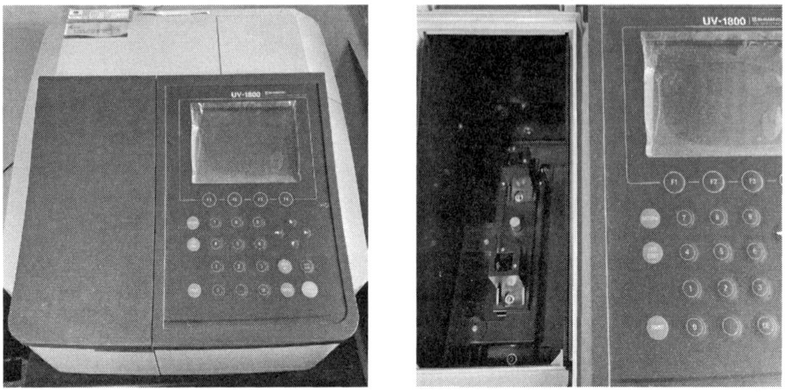

그림 4.7 분광 광도계의 외관(왼쪽) 및 큐벳홀더(오른쪽)

3. 실험 방법

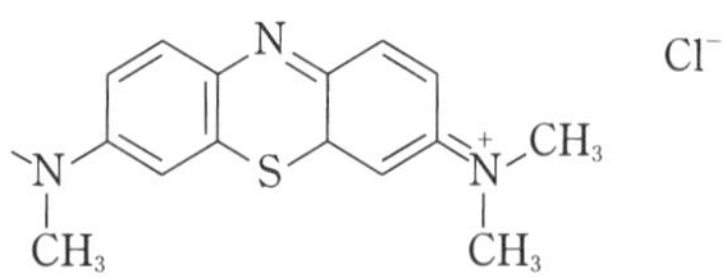

Methylene Blue 구조

- Methylene Blue(MB, Mw=319.85)의 몰흡광계수 결정하기

① 큐벳 셀에 측정에 사용되는 용매(여기서는 Acetonitrile을 사용함)를 채워 시료가 없는 상태에서의 흡광도를 측정한다. (대부분의 경우 측정된 흡광도(A) 값은 '0'의 값을 나타낸다.)

② 각각의 농도에서 만들어진 Methylene Blue 용액을 큐벳 셀에 2/3 정도 채우고, 큐벳을 흡광 광도계의 광원과 검출기 사이에 넣는다.

③ 400nm~800nm 범위에서 흡광도를 측정한 다음, 최대 파장을 기록하고 이 파장에서 몰흡광 계수를 구한다.

④ 농도에 따른 검량 곡선을 그린 후 Beer-Lambert 법칙과의 관계에 대해 논의한다.

실험 2 Fluorescence spectroscopy(형광 분광법)

1. 실험 원리

보통의 물질들은 흡수하는 빛의 파장과 동일한 파장의 빛을 방출한다. 그러나 형광 물질의 경우 흡수한 파장보다 약간 긴 파장에서 방출이 나타난다. 즉, 흡수한 에너지보다는 약간 낮은 에너지의 빛을 방출한다. 분자가 빛을 흡수하면 들뜬 상태가 된다. 그리고 들뜬 분자가 주위 분자와 충돌함으로써 에너지를 비복사 방식으로 잃게 되면, 진동 에너지 준위 사다리를 타고 내려가서 들뜬 전자 상태의 최저 진동 준위에 도달하게 된다. 주위 분자가 받아들이는 에너지는 크지 않기 때문에 들뜬 분자는 바닥 전자 상태로 내려가지 못한다.

따라서 이 분자는 자발적인 방출을 일으킬 때까지 이 들뜬 상태에 머물러 있다가 남은 들뜬 에너지 복사선으로 방출하게 된다.

빛의 흡수로 인해 들뜬 상태에 도달한 분자는 에너지를 잃어 다시 안정된 바닥 상태로 돌아간다. 이 에너지 변환의 과정은 분자의 충돌 등에 의해 열로 에너지를 방출하는 무방사 전이 또는 분자 간 에너지 이동에 의한 것이 일반적이다. 그러나 어떤 일정한 구조를 갖는 분자에 있어서는 에너지를 다시 빛으로 방출하는 방사 과정을 갖는 것이 있다. 이러한 전이들이 같은 다중도 사이에서 일어나는 경우 이 분자들을 형광 물질이라 하고 방출되는 빛을 형광이라고 한다. 이 방사광의 스펙트럼 형태로부터 각 물질의 정성 분석을, 또 강도에 의해 정량 분석을 수행할 수 있다.

형광 분광법은 흡수 분광법과 비교하여 응용의 범위는 한정되어 있지만, 그 감도는 흡광 광도법보다 높기 때문에 극저농도 물질의 정량 분석에 이용되고 있다.

2. 기구 및 시약

- 형광 분광계
- 큐벳
- Methylene Blue 용액(용매: Acetonitrile)(5μM, 1μM)

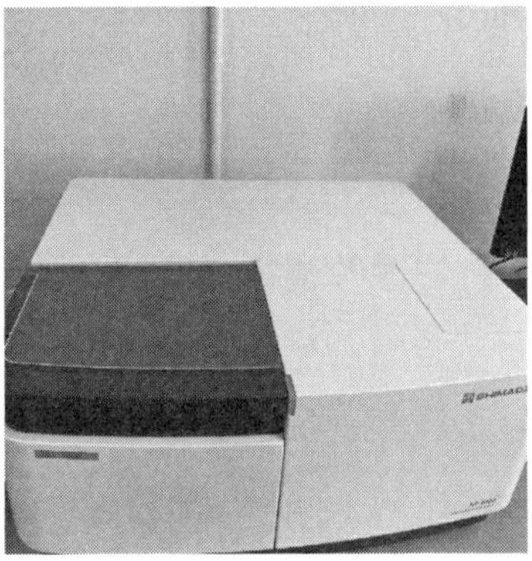 

그림 4.8 형광 분광계의 외관(왼쪽) 및 큐벳홀더(오른쪽)

3. 실험 방법

① Methylene Blue 용액을 큐벳 셀에 2/3 정도 채우고, 400nm~800nm 범위에서 흡수 스펙트럼을 먼저 측정한다.

② ①의 과정에서 최대 흡수를 나타내는 파장인 λmax를 기록하고 위의 용액을 10배 희석시킨 후 형광 스펙트럼 측정을 준비한다.

③ 최대 흡수를 나타내는 파장인 λmax을 이용하여 400nm~800nm 또는 파장 범위를 조절하여 형광을 측정한다. 형광 스펙트럼에서 최대 방출 세기를 나타내는 파장을 기록한다.

④ 흡수 스펙트럼에서 최대 흡수를 나타내는 파장과 형광 스펙트럼에서 최대 방출 세기를 나타내는 파장을 기록한다.

실험 3 Infrared Spectroscopy(FT-IR, 적외선 분광법)

1. 실험 원리

적외선 분광법은 유기 화합물 내에 존재하는 다양한 작용기들이 가지는 고유한 정보를 제공하여, 이를 통해 화합물의 확인 및 구조 결정에 이용된다. 적외선 분광 장비(IR-spectrophotometer)는 주로 분산형 적외선 분광기, Fourier 변환 적외선 분광기 두 종류의 분광기가 있는데, 후자가 가장 일반적으로 활용되고 있다.

적외선 분광기는 적외선 영역(800~4000cm^{-1})에서 화합물 내 특정 결합들이 흡수하는 흡수 띠(absorption band or absorption frequency)에 대한 위치, 상대적 크기 및 모양을 흡수의 세기와 흡수 띠의 위치(cm^{-1})의 관계로 기록한 것이 적외선 스펙트럼이다.

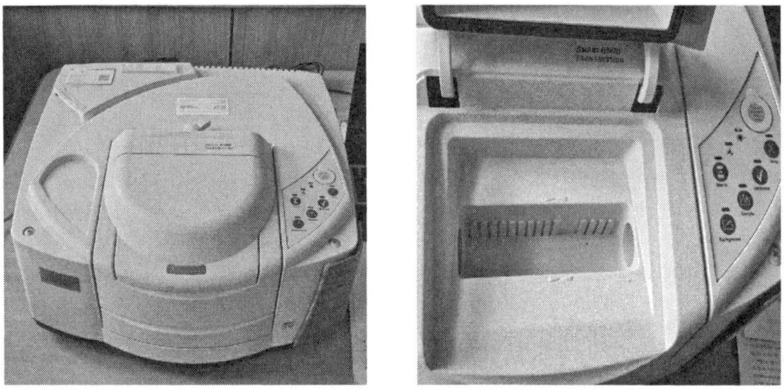

그림 4.9 적외선 분광계(FT-IR)의 외관(왼쪽) 및 큐벳홀더(오른쪽)

유기 화합물의 구조적 정보를 찾아내기 위해서는 여러 가지 작용기가 흡수하는 흡수 띠의 위치 및 세기에 대한 정보를 알고 있어야 하며, 이를 위해 다음 <표 4.6>의 IR 흡수 띠와 작용기의 상관도표를 참조하면 화합물의 분석에 도움이 된다.

(a) Benzaldehyde

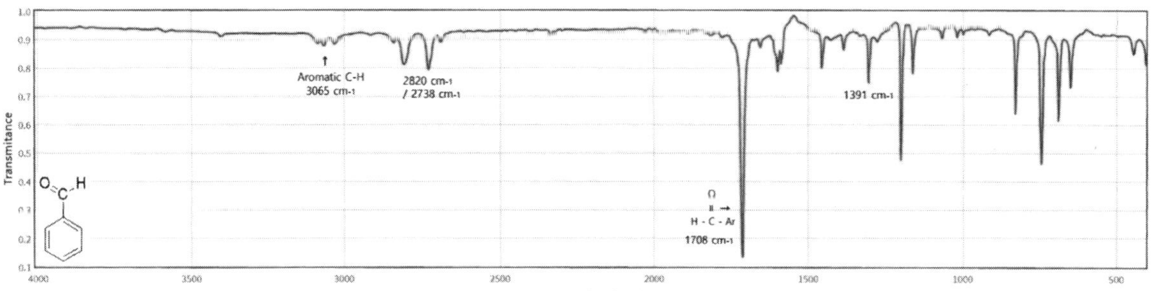

(b) Benzonitrile

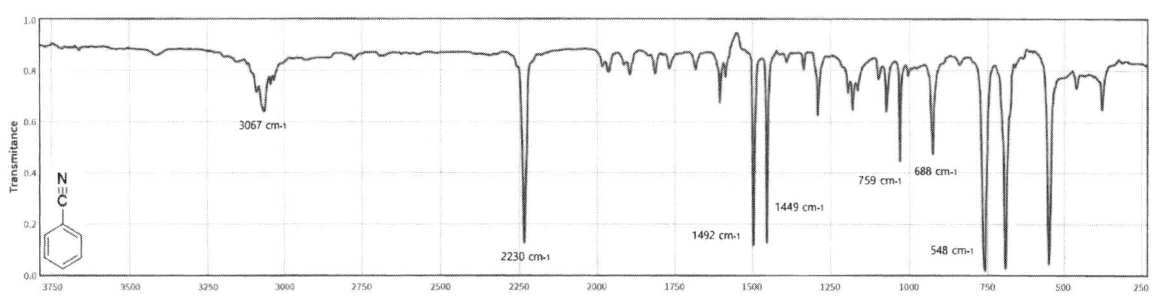

(c) Chloroform($CHCl_3$)

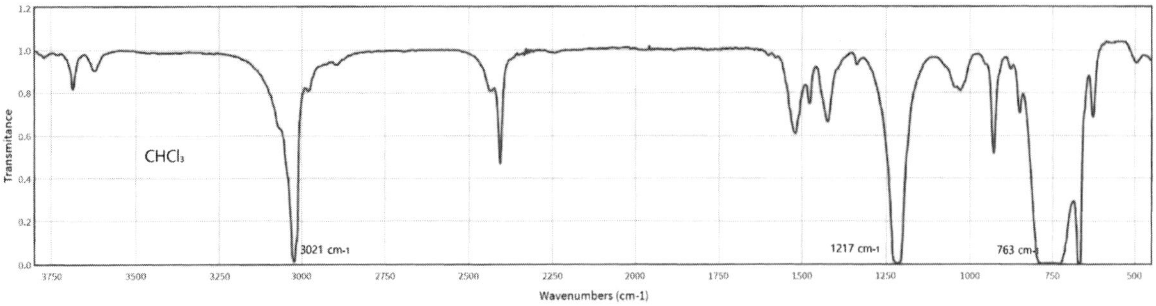

그림 4.10 대표적인 유기 화합물들의 적외선 흡수 스펙트럼(IR Spectrum)
(a) benzaldehyde, (b) benzonitrile, (c) chloroform (출처: 시그마 알드리치 IR data)

표 4.6 대표적인 적외선 흡수 띠(band)와 작용기의 상관도표

Frequency (cm^{-1})	Functional Group	Comment
4000–2500 region		
3600	O–H	Free, non–H–bonded; shar
3500–3000	O–H	H–bonded; broad peak
	N–H	Amine or amide; often broad
3300	≡C–H	sharp
3100–2700	C–H	Variable intensity
3500–2500	COO–H	Carboxylic acids; broad
2500	S–H	Weak
2500–1900 region		
2350	CO_2	Often weak
2200	C≡C, C≡N	Often weak
2200–1900	X=Y=Z	Allene, isocyanate, azide, diazo group; strong
1900–1500 region		
1850–1650	C=O	strong
1650–1500	C=C, C=N	Variable intensity
1600	C=C (aromatic)	Often weak
1550	$-NO_2$	strong
1500–600 region		

1350	$-NO_2$	strong
	$-SO_2-$	strong
1300-1250	P=O	strong
1300-1000	C-O	Alcohol, ether, ester; strong
1150	$-SO_2-$	strong
850-700	Aromatic C-	*o*-, *m*-, *p*-Disubstituted benzenes
800-700	C-C	Usually stro

표 4.7 대표적인 작용기의 기본 적외선 흡수 띠(band)

Functional Group	Wavenumber (cm^{-1})
O-H	3400
N-H	3400
C-H	3400
C≡N	2250
C≡C	2150
C=O	1715
C=C	1650
C-O	1100

실험 4 Nuclear Magnetic Resonance Spectroscopy(NMR)

1. 실험 원리

앞서 다루었던 적외선 분광법을 통해 유기 화합물의 작용기에 따른 형태를 구분할 수 있었다면, 이번에 다룰 핵자기공명 분광학(NMR)은 자기적으로 구별되는 원자의 개수에 대한 정보를 얻을 수 있다. 예를 들어, 수소핵에 대한 연구를 진행할 때, 특정 수소핵의 개수를 파악할 수 있을 뿐만 아니라 각 핵종의 환경적 특성(화학적 이동, 스핀-스핀 결합)에 대한 정보도 얻을 수 있다.

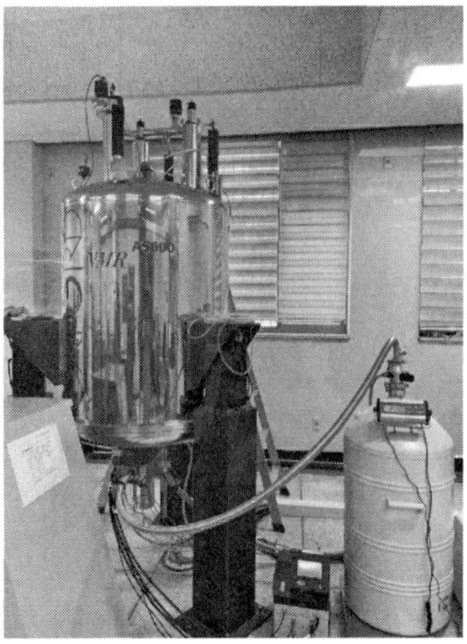

그림 4.12 NMR장비

표 4.8 수소핵에 대한 근사적인 화학적 이동값 범위(단위: ppm)

R−OH_3	0.7~1.3
R−CH_2−R	1.2~1.4
R_3CH	1.4~1.7
R−C=C−C−H	1.6~2.6
R−C(=O)−C−H　H−C(=O)−C−H	2.1~2.4
RO−C(=O)−C−H　HO−C(=O)−C−H	2.1~2.5
N≡C−C−H	2.1~3.0
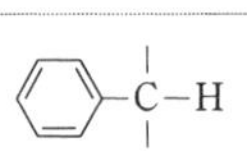	2.3~2.7
R−C≡C−H	1.7~2.7
R−S−H	1.0~4.0
R−N−H	0.5~4.0
R−O−H	0.5~5.0
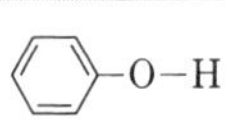	4.0~7.0

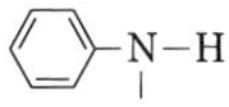	3.0~5.0
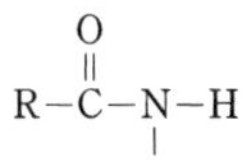	5.0~9.0
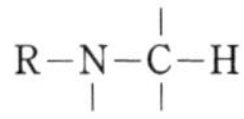	2.2~2.9
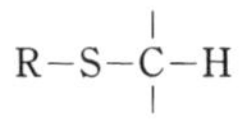	2.0~3.0
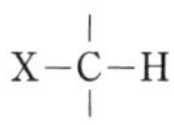	(X=I) 2.0~4.0 (X=Br) 2.7~4.1 (X=Cl) 3.1~4.1 (X=F) 4.2~4.8
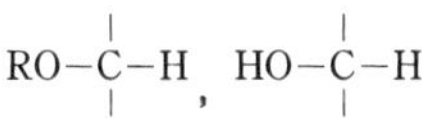	3.2~3.8
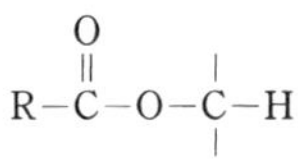	3.5~4.8
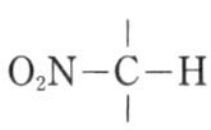	4.1~4.3
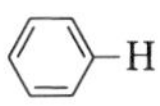	6.2~8.0
Acids	10.5~12.0
Phenols	4.0~7.0
Alcohols	0.5~5
Aminesa	0.5~5.0
Amides	5.0~8.0
Enols	>15

NMR Spectrum에서 확인할 수 있는 스핀-스핀 갈라짐 현상은 실험적으로 n+1 규칙을 따른다. 각각의 proton은 자신이 결합되어 있는 탄소 원자 옆에 있는 탄소에 결합된 동등한 proton 개수(n)를 감지하여 자신의 공명 피크를 (n+1)개로 갈라지게 한다. 또한, 이러한 피크 간의 간격을 짝지음 상수(coupling constant, J)라고 부른다. 짝지음 상수는 핵이 이웃하고 있는 핵의 스핀 상태에 의해 얼마나 강하게 영향을 받는가에 대한 척도이다.

표 4.9 spin-spin Coupling constants

Fragment	J(Hz)
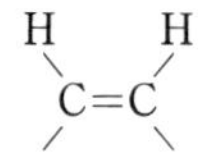	7~12
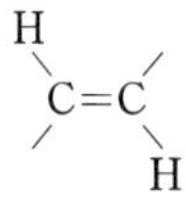	13~18
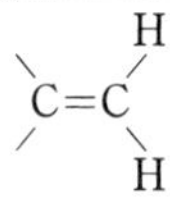	0.5~3
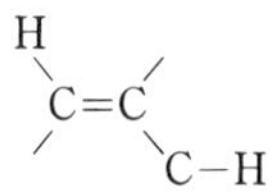	0.5~2.5
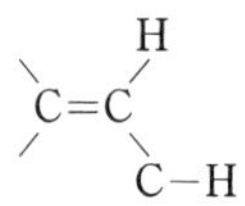	4~10
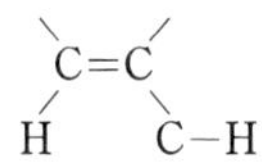	0~3
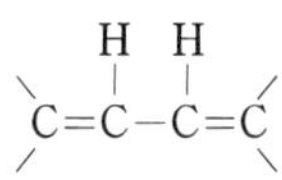	9~13
	12~15
CH_3-CH_2-	6.5~7.5

(a) Iodoethane

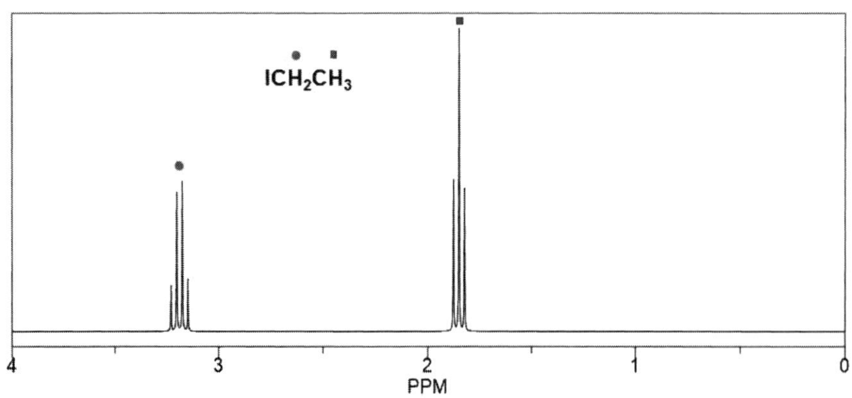

(b) 1-Pentyne

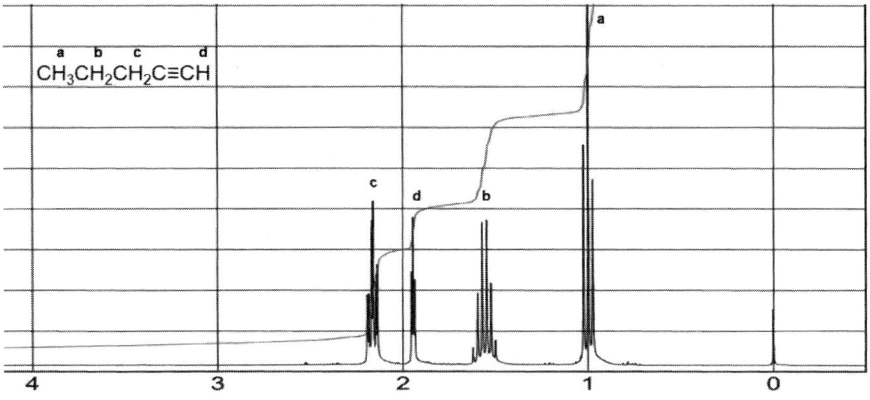

(c) 4-Iodotoluene

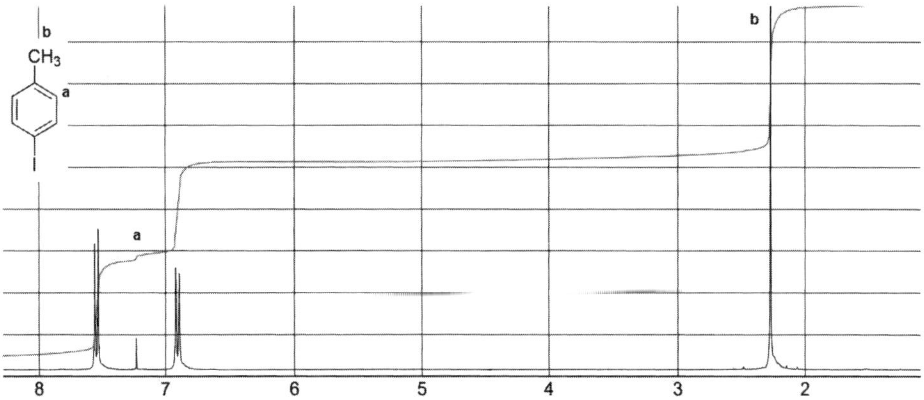

그림 4.13 H-NMR Spectrum

핵자기공명 분광학(NMR)을 통해 수소핵을 연구하는 내용에 대해 다루어보았다.

앞서 다룬 수소핵 뿐만 아니라 탄소핵을 연구하는 것은 유기 화합물의 구조를 분석하는데 매우 중요하다. C-NMR을 다루기에 앞서 탄소의 동위원소 13-탄소의 공명은 1-수소보다 관찰이 어렵다. 이는 자연계에서 13-탄소의 존재비가 매우 낮으며, 자기 회전 비율이 작아서 1-수소보다 작은 진동수에서 공명하기 때문이다.

표 4.10 탄소핵에 대한 근사적인 화학적 이동값 범위

(단위: ppm)

R−CH_3	8~30
R_2CH_2	16~55
R_3CH	20~60
C−X	(X=I) 0~40 (X=Br) 25~65 (X=Cl) 35~80
C_N	30~65
C−O	40~80
C≡C	65~90
C=C	100~150
C≡N	110~140
	110~175
R−C(=O)−OR, R−C(=O)−OH	155~185
R−C(=O)−NH_2	155~185
R−C(=O)−R, R−C(=O)−H	185~220

(a) 1-pentyne

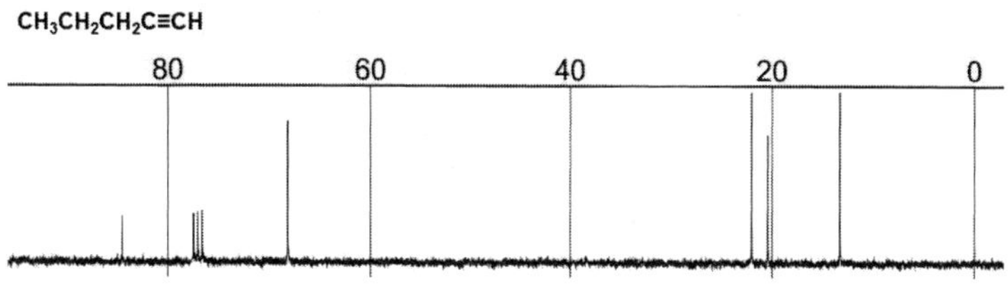

(b) 4-Iodotoluene

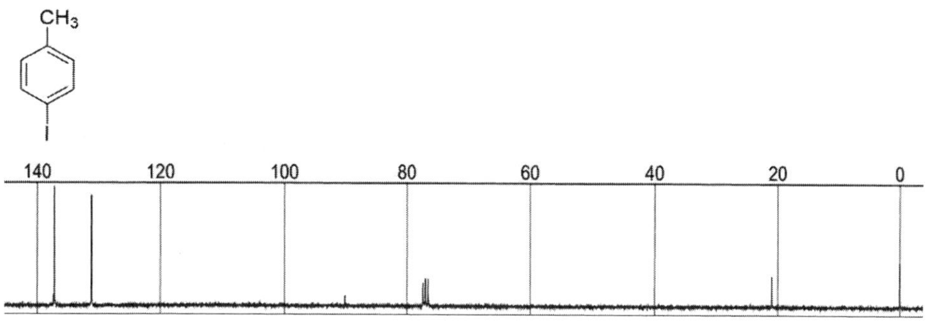

그림 4.14 C-NMR Spectrum

실험 5 기체 크로마토그래피(GC)

1. 실험 원리

기체 크로마토그래피(Gas Chromatography, GC)는 두 가지 이상의 성분으로 된 물질을 단일 성분으로 분리시키는 기법이다. 분리하고자 하는 물질의 각 성분은 이동상(기체, 초임계 유체 또는 액체) 및 고정상(분리관에 충전 또는 코팅된 물질, 고체 또는 액체)과의 물리·화학적 상호작용의 차이에 의해 고정상과 이동상에 서로 다르게 분배되어 분리가 이루어진다.

GC는 일정한 압력의 운반 기체(이동상)를 사용한다. 주입부를 통해 주입된 시료는 기화되어 운반 기체를 따라서 분리가 일어나는 고정상(분리관)을 거쳐 검출기에 이른다. 검출기에 도달한 시료 성분은 검출기에서 전기 신호로 변환된 후 데이터 시스템을 통해 기록된다. 액체 크로마토그래피(Liquid Chromatography, LC)의 기본 원리는 GC와 비슷하며 이동상으로 액체를 사용하므로 이동상을 흐르게 하기 위해 고압 펌프를 사용한다.

GC에 주입된 시료는 일반적으로 시료의 기화가 가능한 높은 온도를 유지하는 시료 주입부에서 기화되어 분리관을 통과하면서 성분별로 분리된다. 분리관에서 고정상이 충전 또는 코팅되어 있으며 고정상의 상태에 따라 GSC(gas-solid chromatography)와 GLC(gas-liquid chromatography)로 분류한다.

GSC는 주로 시료 성분과 고정상 간의 흡착 평형의 차이에 따라 분리가 이루어지며 주로 기체를 분석하는 데 이용된다. 고정상으로는 실리카겔, charcoal, molecular sieve, 다공성 중합체 등이 있다.

GLC는 고체 지지체(solid support)에 얇은 막을 입히거나 화학적으로 결합시킨 액체를 고정상으로 사용하며, 이동상(운반 기체, carrier gas)과 액체 고정상 사이의 분배를 통해 분리가 일어난다. 액체 고정상을 쉽게 얻을 수 있고, 분석하고자 하는 시료의 특성에 따라 다양하게 선택할 수 있기 때문에 GLC는 GSC보다 훨씬 광범위하게 응용된다. 기화성이 같은 물질이라도 고정상과의 상호작용(배향 힘, 유발 힘, 수소 결합 힘, 분산 힘)이 다를 수 있으므로 분리가 가능하다.

표 4.11 GC와 LC의 비교

	기체 크로마토그래피(GC)	액체 크로마토그래피(LC)
시료 요건	시료 주입부에서 기화가 가능한 시료 (대개 450℃ 이하)	용해성 시료
분자량	500~600g/mol	상한선 없음
내열성	분자의 열 안정성 고려	무관
분리 원리	시료와 고정상과의 화학/물리적 친화력 및 시료의 끓는점 차에 의해 분리	시료-고정상, 시료-이동상과 물리·화학적 친화력 차에 의해 분리
시료 회수	TCD만 가능. Cooling system 필요	시료 회수 용이(Prep. LC)

2. 기구 및 시약

- 관 : 스테인리스 관(i.d. 3mm × 2m)
- 충진제
- 이동상(운반 기체) : He(10mL/min)

• 관 온도 : 50~90℃

• 검출기온도 : 약 300℃

• 시료 : pentane, hexane, heptane(1:2:3) 혼합 용액

그림 4.10 GC

3. 실험 방법

① He, H_2, O_2 탱크의 밸브를 열어준다.

※ 수소 및 산소 기체를 사용하는 실험이므로 기체 밸브를 열고 닫는 것에 대해 매우 주의를 기울여야 한다(폭발 위험).

② GC 기계를 켜고 컴퓨터 분석프로그램을 실행시킨다.

③ 세어 목록을 실행시킨다.

④ 기기 상태가 준비 상태가 된 후, 준비된 혼합 용액을 마이크로주사기로 2~5μL를 취한다. 주사기 바늘이 위로 향하게 한 다음 플런저(plunger)를 살짝 아래로 당겨 시료에 든 기포를 제거한다.

⑤ 천천히 플런저를 밀어 넣어 혼합 용액의 부피를 1μL로 맞춘다. GC의 주입 포트에 삽입한 다음 가볍게 플런저를 끝까지 밀어 내려서 혼합 용액을 주입하고는 재빨리 바늘을 빼낸다.

⑥ 주입함과 동시에 검출 시작 버튼을 누른다.

⑦ 모든 실험이 끝나면 오븐, 주입구 및 검출기 온도를 30℃로 내린 후에 GC 기계를 끈다.

⑧ 모든 탱크의 밸브를 잠그고 컴퓨터를 종료한다.

실험 6 고성능 액체 크로마토그래피(HPLC)

1. 실험 원리

고성능 액체 크로마토그래피(High performance liquid chromatography, HPLC)는 현대의 모든 산업, 의료 및 연구를 비롯한 다양한 분야에서 매우 유용하게 사용되는 분리 분석 기술로서 시료의 정성, 정량 분석에 사용된다.

1960년대 후반 정교한 제어가 가능한 고압 펌프의 개발로 고압 액체 크로마토그래피에 의해 분석 시간이 획기적으로 줄었으며, 상업적인 판매도 매우 증가하였다. 현재는 HPLC 시스템이 일반화되었으며, 10,000psi 이상의 고압을 지원하는 초고성능 액체 크로마토그래피(Ultra performance liquid chromatography, UPLC)도 개발되어 사용되고 있다.

그러나 현재 많은 양의 시료에 대한 빠른 분석을 요구하는 제약, 생동성 실험 관련 분야를 제외한 일반적인 실험 조건에서는 아직 HPLC 시스템이 범용적으로 사용된다. 그 이유는 UPLC의 빠른 분석 능력에도 불구하고, 컬럼의 손상 및 HPLC 시스템으로 대부분의 분리 분석 시험이 가능하기 때문이다.

크로마토그래피 시스템은 크게 기체 크로마토그래피, 젤 크로마토그래피, 액체 크로마토그래피로 분류할 수 있다. 기체 크로마토그래피 시스템은 휘발성 샘플 분리 및 분석에 사용되며, 젤 크로마토그래피 시스템은 분자량이 2,000이 넘고 비휘발성 샘플을 분석하는 데 사용된다. 액체 크로마토그래피는 분자량이 2,000 이하인 비휘발성 시료 분석에 사용된다.

HPLC 시스템은 천연물을 비롯하여 식품, 농약, 생명공학, 신약개발 등 다양한 분야에서 가장 많이 사용되고 있다. HPLC를 이용한 분리 분석의 기본적인 원리는 액체 크로마토그래피와 동일하며, GC 시스템과 마찬가지로 고정상과 시료 및 이동상과의 상호작용이 시료 성분의 분리에 영향을 미치지만, 액체 크로마토그래피 시스템은 기체 크로마토그래피 시스템과는 달리 분석 가능한 분자량의 제한이 없다. 즉, HPLC는 GC와 비교하여 비교적 분자량이 크거나 비휘발성인 시료를 분석할 수 있으며, 분석한 시료의 회수가 가능하다는 장점이 있다.

2. 실험 방법

① 컴퓨터와 HPLC의 전원을 켠다.

② 프로그램을 실행한다.

③ Acetonitrile과 물의 6:4 혼합 이동상을 0.2mL/min씩 올리면서 1.8mL/min으로 만들어준다. 이때 유속을 올린 후 압력이 안정화되는 것을 확인한다.

④ 1.8mL/min에서 40분 정도 이동상을 흘려보내 장비 안에 남아 있을 수 있는 불순물 및 기포를 제거한다.

⑤ 분석하고자 하는 시료의 표준 용액을 적어도 3가지 이상 만든다.

⑥ 측정하고자 하는 시료를 주입하기 전에 flow line에서 기포를 확인 후 주입한다.

⑦ 데이터를 수집하여 결과를 얻는다.

⑧ 유속을 처음과 반대로 단계적으로 0까지 내린 다음 HPLC와 컴퓨터의 전원을 끈다.

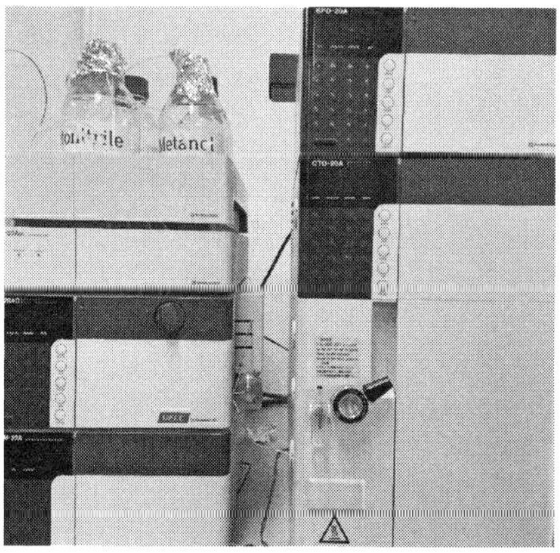

그림 4.11 HPLC

부록

유기 실험에서 자주 사용되는 혼합물

유기 실험에서 자주 사용되는 혼합물

표 A.1 산의 농도

	% by weight	Density $d\frac{20°}{40°}$	Degrees**) Baumé	Normality ***)
Acetic acid(glacial) DAB 6	96	1.06	8	17
Acetic acid(glacial) 99–100%	99–100	1.06	8	18
Acetic acid dilute DAB 6	30	1.04	5.4	5
Acetic anhydride Erg B 6	90	1.07	10	–
Formic acid	98-100	1.22	26	26
Hydrochloric acid DAB 6	25	1.12	16	8
Hydrochloric acid conc. (1.16)	32	1.16	20	10
Hydrochloric acid conc. (1.18)	36	1.18	22	12
Hydrochloric acid fuming	38	1.19	23	12.5
Nitric acid DAB 6	25	1.15	18.6	5
Nitric acid conc.	65	1.40	41	14
Nitric acid frming	about 99%	1.51	49	21
Phosphoric acid DAB 6	25	1.15	19	9
Phosphoric acid conc. (1.71)	85	1.69	59	45
Phosphoric acid conc. (1.75)	89	1.75	62	48
Sulfuric acid conc.	95–97	1.84	66	36
Sulfuric acid dilute DAB 6	16	1.11	14	4
Sulfuric acid fuming about 65% SO_3		1.99	72	–

**) acc. to fonmula $145-\frac{145}{density} = {}^{\circ}Bé(density\ at\ 20^{\circ}/4^{\circ})$

***) approximate values

표 A.2 유기 용매의 성질

Solvent	Boilling point °C	$d^{20°}_{4°}$	D^{n} 20°	Flash point °C	MAC (cm^3/cm^2)	Drying agent (selection)
Acetic acid (glacial)	118	1.049	1.374	+40	25	freeze out ; P_2O_5 ; $Mg(ClO_4)_2$; $CuSO_4$
Acetic anhydride	136	1.082	1.390	+49	5	$CaCl_2$
Acetone	56	0.791	1.359	−18	1000	$CaCl_2$; K_2CO_3 Molecular sieve 3Å
Acetonitrile	82	0.782	1.344	+6	40	$CaCl_2$; P_2O_5 ; Molecular sieve 3Å
Aniline	184	1.022	1.586	+76	5	KOH ; BaO
Anisole	154	0.995	1.518	+51	–	$CaCl_2$; distillation ; Na
Benzene	80	0.879	1.501	−10	25	Distillation ; $CaCl_2$; Na ; Na/Pb ; Molecular sieve 4Å
1-Butanol	118	0.810	1.399	+29	100	K_2CO_3 ; distillation
2-Butanol	100	0.808	1.398	+24	100	K_2CO_3 ; distillation
t-Butanol	82	0.786	1.384	+11.1	100	CaO ; freeze out
n-Butyl acetate	126	0.882	1.394	+33	200	$MgSO_4$
Carbon disulfide	46	1.263	1.626	−30	20	$CaCl_2$; P_2O_5
Carbon tetrachloride	77	1.594	1.466	non-flammable	10	Distillation ; $CaCl_2$; P_2O_5 ; Na / Pb , Molecular sieve 4Å
Chlorobe nzene	132	1.106	1.525	+29.5	75	$CaCl_2$; distillation ; P_2O_5
Chloroform	61	1.480	1.448	non-flammable	50	$CaCl_2$; P_2O_5 ; Na/Pb; Molecular sieve 4Å
Cyclohexane	81	0.779	1.426	−17	400	Na ; Na/Pb ; LiAlH4 ; Molecular sieve 4Å
Decahydronaphthalene (isomeric mixture) (Dekalin)	189/191	0.886	1.48	+57 −58	<100	$CaCl_2$; Na ; Na/Pb
Dichloromethane= Methylene chloride	40	1.325	1.424	non-flammable	500	$CaCl_2$; Na ; Na/Pb LiAlH4 ; Molecular sieve 4Å
Diethyl carbonate	126	0.975	1.385	–	–	K_2CO_3 ; Na_2SO_4
Diethyl ether	35	0.714	1.353	−40	400	$CaCl_2$; Na ; Molecular sieve 4Å

표 A.3 산-염기 지시약

Solvent	pH range	colour change
Thymolblue	1.2–2.8	red-yellow
m-Cresol purple	1.2–2.8	red-yellow
4-Dimethylaminoazobenzene	2.9–4.0	red-yellow orange
Bromophenol blue	3.0–4.6	yelloe-red violet
Congo red	3.0–5.2	blue violet-red orange
Methyl orange	3.1–4.4	red-yellow orange
Bromocresol green	3.8–5.4	yellow-blue
Mixed indicator Merck	4.4–5.8	red violet-green
Methyl red	4.4–6.2	red-orange yellow
Litmus	5.0–8.0	red-blue
Bromocresol purple	5.2–6.8	yellow-purple
Bromophenol red	5.2–6.8	orange yellow-purple
Bromothymol blue	6.0–7.6	yellow-blue
Phenol red	6.4–8.2	yellow-red
Neutral red	6.8–8.0	bluish red-orange yellow
Cresol red	7.0–8.8	yellow-purple
m-Cresol purple	7.4–9.0	yellow-purple
Thymol blue	8.0–9.6	yellow-blue
Phenolphthalein	8.2–9.8	colourless-red violet
Thymolphthalein	9.3–10.5	colourless-blue
Alizarin yellow GG	10.0–12.1	lihgt yellow-brownish yellow
Epsilon blue	11.6–13.0	orange-violet

표 A.4 산화-환원 지시약

Solvent	Standard reduction potential*	colour change
Neutral red	−0.32	red-colourless
Methylene blue	+0.01	blue-colourless
Thionine	+0.06	violet-colourless
2.6-Dichlorophenol/indophenol	+0.23	blue-colourless
Diphenylamine	+0.76	blue-colourless
Diphenylaminesulfonic acid barium salt	+0.83**	violet-colourless
Ferroin	+1.06**	red-colourless

* True potential (50% indicator reduced)

** in 1 M sulfuric acid

찾아보기

ㄱ

감압 여과 장치 12
감압 증류 98
건조 25
곁가지 사슬 산화 반응 47
고성능 액체 크로마토그래피 180
관 크로마토그래피 89
굴절률 15
극성 용매 15
기체 크로마토그래피 23
끓는점 15

ㄴ

나이트로화 반응 47
나이트릴 56
녹는점 15, 65
농도 단위 16

ㄷ

다이아조화 반응(diazotization) 152
단순 증류 98
단순 증류 장치 10
독성 15

ㅁ

몰 17
몰흡광계수(molar extinction coefficient) 165
밀도 14
밀리몰 17

ㅂ

발색시약 77
분광 분석법 165
분류 실험 37
분별 깔때기 106
분별 증류 97
분별 증류 장치 11
분자량 14
불포화 지방족 탄화수소 38
비극성 용매 15
비양성자성 용매 15

ㅅ

산성 화합물 38
색소(pigments) 151
섭씨(°C, Centigrade degree) 22
스핀-스핀 갈라짐 173

ㅇ

아마이드 50, 59
아민 51
아조(azo) 151
안트라퀴논(anthraquinone) 151
알데하이드 60
알카인 38
알켄 38, 105
알코올 42
액체상 크로마토그래피 75
얇은 막 크로마토그래피 23, 75
양성자성 용매 15
에스터 55
에테르 135
여과 24
염기성 화합물 38
염료(dyes) 151
용매 15
용해도 15
원소 분석 33
위험성 15
유기 실험기구 6
유기 정성 분석 31
유기 화학 실험 2
유리 기구 13
인디고(indigo) 151

ㅈ

자외선-가시광선 흡수 분광법 165
재결정(recrystallization) 63
적외선 분광법 168
적외선 스펙트럼 169
절대 영도 22
중성 화합물 37
증기 증류 98
증류(distillation) 16, 97
증발(evaporation) 97
진공 건조기 27
짝지음 상수(coupling constant, J) 173

ㅊ

초고성능 액체 크로마토그래피 180
추출(extraction) 105

ㅋ

카보닐 화합물 129, 143
카복실산 50, 143
커플링 반응(coupling reaction) 152
케톤 60
크로뮴산 세척제 14

ㅍ

페놀 135

ㅎ

할로알케인 40
핵자기공명 분광학(NMR) 171
형광 분광법 167
홈이 진 여과지(fluted filter paper) 25
화씨(°F, Fahrenheit degree) 22
화학적 이동값 176
환류 16
환류 장치 10
황산 태움법(sulfuric acd charring) 77
흡수 띠 169

기타

2,4-Dinitrobezenesulfenyl chloride법 40
2,4-Dinitrophenylhydrazine 시험 60
3,5-Dinitrobenzoate법 45
Aniline 및 *p*-toluidine 51
Beer의 법칙 165
Bromine wate 48
Bromine 시험 39
Ceric nitrate 시약법 49
Chromic acid 시험 43, 60
Chromic acid법 48
E1(monomolecular elimination) 113
E2(bimolecular elimination) 113
Ferric chloride 시험 49
Ferrous hydroxide 시험 54
GHS 4
Hinsberg 시험 51
KOH-알코올 세척제 14
Lambert(Bouguer)의 법칙 165
Lucas 시험 43
MBA 유도체 합성 58
Nitrous acid 시험 52
Permanganate 시험 39
Permanganate법 47
Phenol 48
Silver nitrate 시험 40
S_N1(monomolecular nucleophilic substitution) 113
S_N2(bimolecular nucleophilic substitution) 113
Sodium iodide 시험 41
Tetranitromethane 시험법 39
Tollens 시험 60
Urethane법 44
Williamson 에테르 합성법 135

저자 소개

조대원
부산대학교 화학과 학사, 1993
부산대학교 화학과 박사, 2008
영남대학교 화학과 교수, 2011~현재

기초 유기화학실험 제2판

저 자	소대원
발 행 인	김지영
발 행 처	자유아카데미
주 소	경기도 파주시 회동길 37-42 파주출판도시
전 화	031-955-1321
팩 스	031-955-1322
홈페이지	www.freeaca.com
전자우편	main@freeaca.com (대표) editor@freeaca.com (편집) crm@freeaca.com (영업)
등 록	제406-2003-017호, 1980. 7. 12
제2판1쇄	2023년 4월 1일 발행

저자와의
협의하에
인지생략

무단 복제를 금하며, 잘못된 책은 바꾸어 드립니다.
ISBN 979-11-5808-440-0 93430